H. Rosemann

Zuverlässigkeit und Verfügbarkeit technischer Anlagen und Geräte

Mit praktischen Beispielen von Berechnung und Einsatz in Schwachstellenanalysen

Mit 96 Abbildungen

Springer-Verlag Berlin Heidelberg New York

Dr.-Ing. habil. HARALD ROSEMANN
Institut für Maschinenelemente A und Konstruktionstechnik
Technische Universität Hannover
Welfengarten 1A, 3000 Hannover 1

CIP-Kurztitelaufnahme der Deutschen Bibliothek

Rosemann, Harald:
Zuverlässigkeit und Verfügbarkeit technischer Anlagen und Geräte: mit praktischen Beispielen
von Berechnung und Einsatz in Schwachstellenanalysen/H. Rosemann.
Berlin; Heidelberg; New York; Springer. 1981

ISBN-13: 978-3-540-11000-2   e-ISBN-13: 978-3-642-48045-4
DOI: 10.1007/978-3-642-48045-4

2060/3020-543210

Vorwort

Zuverlässigkeit und Verfügbarkeit technischer Systeme, die beiden Begriffe sind ein Maß für die Funktionssicherheit von Anlagen, Geräten und Maschinen. Obwohl man anstrebt, Fehler möglichst weitgehend zu vermeiden, kann man sie trotz aller Sorgfalt nicht völlig ausschließen.

Im Rahmen des Themas verfolgt dieses Buch zwei Ziele, die eng zusammenhängen:

Was nützt die Berechnung der Zuverlässigkeit und

wie ist die numerische Rechnung durchzuführen?

Das erste Anliegen erreicht das siebente Kapitel; an verschiedenen Beispielen decken zahlreiche Vergleichsrechnungen die Schwachstellen auf. Die vorhergehenden Kapitel bereiten die Grundlage für dieses Vorhaben, indem sie die rechentechnischen Ansätze bereitstellen. Durchweg stehen die Belange der numerischen Rechnung im Vordergrund; auf die Simulation, wie sie beim Monte-Carlo-Verfahren eingesetzt wird, gehe ich nicht ein.

Mit Fehlern muß man stets rechnen, nicht nur in technischen Systemen. Ich habe mich zwar bemüht, Fehler in diesem Buch zu vermeiden; dennoch mag dieser oder jener meiner Aufmerksamkeit entgangen sein.

Dem Regionalen Rechenzentrum für Niedersachsen danke ich für die hervorragenden Arbeitsmöglichkeiten und für das Bereitstellen der erforderlichen Rechenkapazität.

Hannover, im Juni 1981   H. Rosemann

Inhaltsverzeichnis

1 Vorbemerkung

Das zufällige Versagen einzelner Bauteile kann die Arbeitsweise
einer Maschine, eines Gerätes oder einer Anlage gefährden, es
kann ihre Funktion in Frage stellen. Ganz anders ist das Verhalten, als man es vorgesehen hatte und eigentlich erwartete; es
weicht ab von den ursprünglich gestellten Anforderungen. Mehr
oder weniger schwer können die Folgen wiegen. Sie reichen bei
übelstem Ausgang vom Personenschaden, der eine Gruppe oder einen
einzelnen Menschen betrifft, bis zur Zerstörung, zum Verlust
sachlicher Werte. Ausdrücklich zählen wir zu solchen Einbußen
auch wiederholte Störungen im Arbeitsablauf kostspieliger Anlagen, wie Kraftwerken, Raffinerien oder Fertigungsstraßen mit
vielen Arbeitsplätzen und komplizierten Maschinen. Je umfangreicher und weniger übersichtlich eine Anlage ist, je mehr Bauteile
sie für ihre Aufgaben benötigt, um so eher überlagern sich Feh-
lermöglichkeiten: die Häufigkeit der Ausfälle steigt, sofern man
dieser Entwicklung nicht in geeigneter Weise begegnet.

Zusätzliche Sicherungsmaßnahmen schränken das Risiko ein, das
aus dem zufälligen Versagen der Bauteile herrührt. Es treten
etwa bereitgehaltene Reserven ein für ausgefallene Komponenten,
deren Aufgaben übernehmend, wenn sie gar nicht mehr oder nur
noch fehlerhaft arbeiten. Im Hinblick auf mögliche Schäden an
Leib und Leben sowie angesichts drohender wirtschaftlicher Verluste ist zu fragen: Haben wir genügend Vorsorge getroffen, um
Unfälle weitestgehend zu vermeiden? Haben wir genug getan, um
einen ausreichend hohen Stand der Betriebs- und Funktionssicherheit zu gewährleisten? Ob die vorgesehenen Sicherungsmaßnahmen
ausreichen, ob man sich mit ihnen zufrieden geben kann, das läßt
sich beurteilen, wenn man die Zuverlässigkeit seiner Anlagen,
Geräte und Produkte kennt.

Nach der Vornorm DIN 40 041 (1967) ist hierzulande die Zuverlässigkeit festgelegt als:

2

"die Fähigkeit einer Betrachtungseinheit,
 innerhalb der vorgegebenen Grenzen
 denjenigen
         durch den Verwendungszweck bedingten
 Anforderungen zu genügen,
 die an das Verhalten ihrer Eigenschaften
 während einer gegebenen Zeitdauer gestellt sind."

Die Formulierung und verschiedene Anmerkungen sollen den Begriff
schützen, damit niemand sich auf ihn beruft, wenn er etwa eine
Schere als Schraubenzieher oder einen Schraubenzieher als Meißel
benutzt.

Im Jahr 1979 trat in DIN 55 350, Teil 11 eine neue Festlegung zu
der älteren hinzu. Nach der ausführlichen Aussage in Anmerkung 1
ist Zuverlässigkeit:
    "die Gesamtheit derjenigen Eigenschaften und Merkmale
     (siehe DIN 55 350, Teil 12)
     eines Produktes oder einer Tätigkeit,
     welche sich auf deren Eignung
     zur Erfüllung gegebener Erfordernisse
     unter vorgegebenen Anwendungsbedingungen
     während oder nach einer vorgegebenen Zeit
     beziehen."

Weitere Anmerkungen führen aus, was man unter Erfordernissen,
was unter Produkten oder Tätigkeiten zu verstehen hat, und weisen darauf hin, daß Zuverlässigkeit durch Zuverlässigkeitsmerk-
male bestimmt ist.

Dagegen versteht man im amerikanischen Schrifttum unter dem
zugeordneten Begriff 'reliability':
    "Die Wahrscheinlichkeit,
     mit der ein Erzeugnis
     innerhalb festgelegter Zeitgrenzen
     und Umgebungsbedingungen
     seine Aufgabe erfüllt."

Die Beschreibung umfaßt die deutschen Normbegriffe 'Zuverlässig-keit' und 'Funktions- oder Überlebenswahrscheinlichkeit'. Als Definition versorgt sie uns unmittelbar mit dem Maßstab, an dem die Größe zu messen ist. Dem Anwender bleibt überlassen, ob er die Vorschrift auch zu Aufgaben heranziehen will, die nicht übereinstimmen mit dem eigentlichen Verwendungszweck des Erzeug-nisses; er wird dann eine entsprechend geringe 'reliability' erhalten.

Angefügte Erläuterungen zu DIN 55 350 räumen ein, daß die Defi-nition des Begriffes Zuverlässigkeit "als noch nicht endgültig angesehen werden muß". Dies eröffnet uns die Möglichkeit, dem angloamerikanischen Sprachgebrauch zu folgen. Wenn wir weiterhin von Zuverlässigkeit sprechen, verstehen wir darunter stets die so geprägte Wahrscheinlichkeitsangabe.

Wenn wir einen tatsächlichen oder denkbaren Vorgang mit einer Wahrscheinlichkeit belegen, dann ist diesem Wert zugeordnet die Ergänzung zur Zahl Eins, die Wahrscheinlichkeit des gegenteili-gen Geschehens. Erfüllt in unserem Fall ein Erzeugnis seine Auf-gabe nicht mehr, dann versagt es, es 'fällt aus'. Mithin nennen wir das Einerkomplement der Zuverlässigkeit die Ausfallwahr-scheinlichkeit.

Sorgfältig haben wir diesen Begriff abzugrenzen gegenüber der ursprünglich auf den Menschen bezogenen Eigenschaft, in Tun und Handeln nicht zuverlässig oder unzuverlässig zu sein. Hat man sich erwiesenermaßen auf jemanden nicht verlassen können, dann klingt in dieser Feststellung etwas wie ein abwertendes Urteil an, Grund und Ursache seien Leichtsinn oder gar Böswilligkeit. Ein für allemal ist es nun vorbei mit unserem Zutrauen, indem wir das eine Mal für alle setzen, charakterliche Eigenschaften beurteilend. Von solchen Hintergedanken kann bei technischen Erzeugnissen die Rede nicht sein. Es sind zufällige Vorgänge, auch durch äußere Umstände hervorgerufen, die das Widerstands-vermögen übersteigen und den Ausfall herbeiführen.

Von Zuverlässigkeit zu reden, hat hingegen seinen guten Sinn. Tagtäglich von früh bis spät und ebenso von spät bis früh können wir uns in aller Regel auf die Dienste technischer Erzeugnisse verlassen. Setzten wir das eine Mal für alle, wir dürften keine Brücke, kein sonstiges Bauwerk und auch nicht unsere Wohnung betreten, wir dürften kein Verkehrsmittel benutzen, sei es Flugzeug, Schiff, Eisenbahn oder Auto. Wir müßten, wenn wir alles bedenken, leben wie der Neandertaler und lebten doch keineswegs sicherer. Ganz im Gegenteil. Gerade auch bei Unfällen und Katastrophen ständen wir recht hilflos da, sollten wir auf technische Hilfsmittel verzichten müssen.

Als Zuverlässigkeit berechnen wir die Wahrscheinlichkeit, mit der überhaupt kein Ausfall innerhalb der Nutzungszeit eintritt. Wir gewinnen damit die Aussage, in welchem Maße wir uns von vornherein 'verlassen' können auf den Dienst des untersuchten Gegenstandes. Sollte jedoch ein Erzeugnis erstmals seine Aufgabe nicht erfüllen, weil ein einzelnes oder mehrere seiner Bauteile zufällig versagen, dann werden wir es nur in den seltensten Fällen gleich auf den Schrotthaufen werfen; in aller Regel bemühen wir uns, die Funktionsfähigkeit durch Maßnahmen der Instandsetzung wiederherzustellen. Bei solcher Sachlage möchten wir wissen, mit welcher Wahrscheinlichkeit wir über das Erzeugnis 'verfügen' können, um es für seine Aufgabe einzusetzen, nach nur einer Reparatur oder möglicherweise auch nach mehreren; diese Wahrscheinlichkeit nennen wir Verfügbarkeit.

Die Ergänzung zur Eins bezeichnen wir mit Nichtverfügbarkeit, ohne von anderen Begriffsinhalten abrücken zu müssen, weil das Stammwort mit der Bedeutung 'verfügen' (über etwas) von vornherein eher auf Sachen gemünzt ist.

Zuverlässigkeit und Verfügbarkeit, sie beide hängen ab vom Ausfallverhalten der Bauteile, von der Art und Weise, wie sie zusammenwirken, um ihre Aufgabe zu erfüllen, und nicht zuletzt vom Umfang der Instandhaltungs- und Instandsetzungsmaßnahmen.

Wenn wir Aussagen gründen auf berechnete Wahrscheinlichkeiten, dann erhalten wir dem Wesen nach ganz andere Aufschlüsse, als wir sie von den sonst allgemein üblichen technischen Daten gewohnt sind. Auch die Erwartungen unterscheiden sich, die wir mit ihnen verbinden. Bestellen wir etwa einen Doppel-T-Träger von vier Meter Länge, dann hat die Lieferfirma einen mindestens vier Meter langen Träger heranzuschaffen; vielfach darf er wohl zehn Zentimeter länger sein, keinesfalls jedoch auch nur um weniges kürzer oder gar von halber Länge. Wie bei dem Träger haben die technischen Daten in jedem Einzelfall mit den Anforderungen übereinzustimmen. - Erst in neuerer Zeit finden wir Ansätze, sämtliche technischen Daten bei der Auslegung einer Konstruktion als statistische Größen aufzufassen.

Eine garantierte Zusage im Einzelfall zu liefern, den Anspruch müssen wir bei Wahrscheinlichkeiten aufgeben. Die Aussagen stimmen im Mittel für eine große Anzahl von Ereignissen. Sie sichern etwa in gewissem Umfang eine Eigenschaft zu für eine Mehrzahl von Geräten oder Anlagen. Nichts sagen sie hingegen aus über den einzelnen Fall; er kann ohne weiteres von der Zusicherung abweichen. In diesem Einzelfall können wir uns kaum darauf berufen, daß die Zusagen nicht eingehalten wären.

Welchen Wert haben dann aber Wahrscheinlichkeitsberechnungen und aus ihnen abgeleitete Aussagen, wenn sie uns die Ungewißheit in einer ganz besonderen Situation nicht abnehmen? Ihr Wert erweist sich, wenn sie uns den Vergleich verschiedener Umstände und Bedingungen erlauben, unter denen wir wählen dürfen.

Beispielsweise können sie uns nicht die Frage beantworten, ob wir an einer Lotterie teilnehmen sollen, ob der Einsatz den möglichen Gewinn rechtfertigt. Wahrscheinlichkeiten gehen wohl ein in die Entscheidung: ich will mitspielen; sie können sie jedoch nicht ersetzen. Ganz anders sieht es hingegen aus, wenn wir die Wahl nicht mehr haben, ob wir mitspielen wollen oder nicht: wenn wir zum Mitspielen gezwungen sind, dabei aber unter verschiedenen Lotteriearten wählen dürfen oder gar einwirken auf

Umfang und Größe der Gewinnaussichten; dann werden wir den Einfluß, der uns eingeräumt ist, so ausüben, daß der zu erwartende Gewinn möglichst hoch ausfällt.

Ähnlich liegen die Verhältnisse bei unserer persönlichen Entscheidung, ob wir den öffentlichen, schienengebundenen Verkehr nutzen wollen oder ob wir mit unserem Auto am Individualverkehr auf der Straße teilnehmen. Einen eigenen Wagen anzuschaffen und zu nutzen, dafür spricht der Gewinn an Zeit, man hat es bequem und ist ungebunden. Der Einsatz schließt ein: finanzielle Mittel für Kauf und Unterhaltung, vorwiegend psychische Beanspruchung beim Fahren, Verlust an körperlicher Betätigung und das Risiko, einen Unfall zu erleiden. Wenn der Entschluß auch angesichts der Tatsache, daß in unserer Bundesrepublik Unfälle im Straßenverkehr Jahr für Jahr eine Kleinstadt auslöschen, wenn diese Entscheidung dennoch für den Individualverkehr gefallen ist, dann wird man vernünftigerweise das Risiko durch defensive Fahrweise mindern, seinen Wagen in technisch einwandfreiem und verkehrssicherem Zustand halten und sich ohne Alkohol ans Steuer setzen. So treibt man zusätzlichen Aufwand und gibt auch einen Teil des Gewinns wieder her, um das Risiko einzuschränken.

In einem weiteren Rahmen stellen wir fest, daß Produktionsanlagen jeglicher Art gelegentlich versagen können, ob sie nun Transportleistungen erbringen, Güter erzeugen oder sonstige Dienste verrichten; die mehr oder weniger schwerwiegenden Folgen haben wir bereits aufgeführt. Aus den Werten der Zuverlässigkeit und der Verfügbarkeit dieser Anlagen lesen wir ab, in welchem Maße wir mit solchen Störungen zu rechnen haben. Natürlich wäre es uns am liebsten, wenn wir jegliche Störungen, Schäden und erst recht Unfälle von vornherein zwangsläufig vermeiden könnten - alle Erfahrung lehrt, daß die Wirklichkeit diesen Wunsch nicht voll erfüllt: wir können das Risiko durch zusätzlichen Aufwand mindern, es vollständig auszuschließen vermögen wir aber nicht. Ob der weitergehende, vorsorgliche Einsatz zusätzlicher Mittel höhere Gewinne erwarten läßt, das haben wir für jeden konkreten Fall gesondert zu beurteilen.

Verschiedene Ausführungen einer geplanten Anlage mögen in vielerlei Hinsicht voneinander abweichen; in einer, in der Erwartung von Störungen, unterscheiden sie sich in dem Maße, in dem wir Vorsorge treffen gegenüber denkbaren Versagensfällen. Auf der Suche nach Konzepten, die das Risiko möglichst weitgehend einschränken, werden wir der Varianten zuneigen, welche die geringsten Verluste erwarten läßt. Das Ausmaß möglicher Schäden wird uns leiten, wenn wir den zusätzlichen Aufwand beurteilen und unsere Auswahl treffen.

Kaum noch übersieht aber der Entwickler einer komplizierten Anlage, wie die Zuverlässigkeit der einzelnen Komponente auf das System einwirkt. Und wenn er diese oder jene Komponente mehrfach vorsieht, wenn er Redundanz einplant, in welchem Umfang und bei welchen Bauteilen ist das sinnvoll? Zur Antwort benötigen wir Kriterien, die leicht auszuwerten sind. Neben den Daten des einzelnen Bauteils haben wir seinen Einfluß innerhalb der Struktur, seine wirtschaftliche Bedeutung und seinen Anteil an der gesamten Funktion des Systems zu beurteilen. Als Ergebnis streben wir die Aussage an, ob die verschiedenen Einflußgrößen sich zueinander angemessen und ausgewogen verhalten oder nicht.

Deswegen sehen wir es nicht als Selbstzweck an, Zuverlässigkeit und Verfügbarkeit zu berechnen. Denn wenn der Ingenieur die Leistungsfähigkeit einer Maschine beurteilt, dann will er auch wissen: Wie kann ich sie steigern? Grundsätzlich ist ein Aufbessern stets möglich. Aber welchen Aufwand erfordert das? Den geringsten Aufwand mit möglichst hohem Ertrag zu verbinden, den Wirkungsgrad der eingesetzten Mittel zu verstärken und so weit als möglich auszureizen, das muß die eigentliche Aufgabe sein. Es ist unser Anliegen, Hinweise und Entscheidungshilfen aufzufinden und bereitzustellen, ein Verfahren zu entwickeln, das von sich aus auf Anlagenteile aufmerksam macht, die den Gesamterfolg maßgeblich wachsen lassen, falls wir sie aufbessern. So hoffen wir, auf der Grundlage einer Schwachstellenanalyse die Gewinnaussichten in Form verminderter Schadenserwartung in weit höherem Maße zu steigern, als der zusätzliche Aufwand kostet.

Neben der Schwachstellenanalyse haben wir Weiteres zu beachten. Die Angaben über die Zuverlässigkeit der Bauteile sind oft ungewiß; so manches Mal streitet man um die Größenordnung. Benötigt der Konstrukteur für jede Einheit genauere Daten? Wenn selbst die zehnfach höher angesetzte Ausfallwahrscheinlichkeit einer bedeutenden Komponente sich kaum nennenswert bemerkbar macht, dann können wir eher rohe Schätzwerte dulden. Im entgegengesetzten Fall vervielfacht ein weniger wichtiges Bauteil unter der gleichen Annahme die Ausfallwahrscheinlichkeit des Systems; hier müssen wir uns entweder Gewißheit verschaffen, also verläßliche Daten besorgen, oder wir greifen abändernd ein in die Struktur, um den Einfluß ungenauer Daten auf die Präzision unserer Ergebnisse und auf die Schärfe unserer Aussagen einzudämmen.

Sowohl in der Schwachstellenanalyse wie in der Einflußanalyse der Daten werden wir uns stützen auf eine Vielzahl wiederholter Vergleichsrechnungen mit unterschiedlichen Datensätzen. Deswegen geht es um Methoden und Verfahren rechentechnischer Natur, die es uns erlauben, die gesuchten Werte hinreichend genau in möglichst einfacher Weise zu bestimmen; die Ausführung soll wenig Rechenzeit beanspruchen. Während wir dieses Ziel verfolgen, haben wir gleichzeitig stets die Probleme und Schwierigkeiten zu beachten, die der numerische Rechenprozeß bereithält im Zusammenhang mit den besonderen Eigenheiten unserer Aufgabe; denn auf numerische Rechnungen sind wir in den meisten Fällen angewiesen.

Zunächst handelt es sich bei den Zahlen, mit denen wir umgehen, lediglich um Näherungen der wahren Werte, weil wir nur eine begrenzte Anzahl von Stellen mitführen. Wenn wir sie nun in vielfältiger und komplizierter Weise miteinander zu verknüpfen haben, dann liegt es sehr am Verfahren, ob diese Ungenauigkeiten sich ausbreiten, ob sie mit jedem Rechenschritt anwachsen und zunehmen, bis sie am Ende das gesuchte Ergebnis überwuchernd verfälschen und wertlos machen. In unserer Anwendung werden wir es vorzugsweise mit Werten der Zuverlässigkeit und Verfügbarkeit zu tun haben, die nahe bei Eins liegen, während Ausfallwahrscheinlichkeit und Nichtverfügbarkeit sich klein dagegen ausnehmen. So gehört etwa zu einer Ausfallwahrscheinlichkeit von $0,725836 \cdot 10^{-3}$ die Zuverlässigkeit $0,999274$, beide gleichermaßen mit sechs Stellen angegeben. Der Sachverhalt, den die Ausfallwahrscheinlichkeit durch die gesonderte Zehnerpotenz ausweist, belegt in der Zuverlässigkeit die führenden Stellen mit Neunen; sie lassen nur noch Platz für drei weitere Ziffern. Das verkürzt die Genauigkeit. Numerische Rechnungen haben wir also stets so einzurichten, daß wir mit den kleinen Zahlen arbeiten.

Weiterhin werden uns in den Anweisungen vielfach Vorschriften begegnen, die in ihrer ursprünglichen Formulierung leicht weit mehr als 2^n Rechenoperationen erfordern, wobei n beispielsweise die Anzahl der Bauteile bedeuten kann. Mit n=100, einer sicher nicht überaus hohen Anzahl von Komponenten, wird 2^n zu rund 10^{30}. Benötigen wir für jede Operation eine Nanosekunde, dann haben wir nach einem Jahr ununterbrochener Tätigkeit etwa $3,2 \cdot 10^{16}$ Operationen abgeschlossen. Da das Weltall seit dem "Urknall" rund zehn bis zwanzig Milliarden Jahre besteht, müßten wir für unser Vorhaben, roh gerechnet, die tausendfache Zeit fordern. Aufgaben dieser Struktur müssen wir umzuformen versuchen, wir haben sie zu vermeiden in der ursprünglichen Form, um die Berechnung nicht nur überhaupt durchführen zu können, sondern auch in annehmbarer Zeit, was angemessene Kosten bedeutet.

Alle Kenntnisse, all unser Wissen um Besonderheiten müssen wir voll einsetzen und ausnutzen, um die Rechenvorschriften so zu gestalten, daß wir sie in vernünftiger Zeit ausführen können. Wir verfolgen dieses Ziel, indem wir uns eine gründliche Übersicht verschaffen, die von Beginn an den Aufbau der Wahrscheinlichkeitsrechnung verfolgt. Stets behalten wir die Belange der numerischen Rechnung im Auge, um sinnvolle Verfahren aufzuspüren, die sich auch tatsächlich für unser Vorhaben eignen. Vielfach werden wir dabei auf Eigenheiten eingehen, die uns unser Untersuchungsgegenstand bietet, sofern damit rechnerische Vorteile verbunden sind.

2 Grundlagen der Wahrscheinlichkeitsrechnung

2.1 Einführendes

Womit befaßt sich die Wahrscheinlichkeitsrechnung? Van der Waerden sagt dazu: "In der Wahrscheinlichkeitsrechnung werden 'Ereignisse' betrachtet, deren Eintreffen vom 'Zufall' abhängt und deren 'Wahrscheinlichkeiten' durch Zahlen ausdrückbar sind."

Vom 'Zufall' wollen wir stets dann reden, wenn wir den Ablauf der betrachteten Vorgänge praktisch nicht vorhersagen können.

Unter einem 'Ereignis' oder 'Merkmal', wir bezeichnen es in der Regel mit großen lateinischen Buchstaben, wollen wir das tatsächliche oder denkbare Ergebnis eines Zufallsexperimentes oder Zufallsversuches verstehen.

Beispiel: Der Schiedsrichter wirft eine Münze, um Seitenwahl und Anstoß unter zwei Mannschaften auszulosen; er führt ein Zufallsexperiment aus. Das Ergebnis des Versuches liefert eines der beiden Ereignisse: "Wappen liegt oben" oder "Zahl liegt oben". Anzahl und Wertevielfalt der Einflüsse wie die Anfangsgrößen Lage, Geschwindigkeit und Drehung bei Flugbeginn, der Luftwiderstand während des Fluges und die Stoßbedingungen, wenn die Münze auf den Boden trifft, sie alle sind so unübersehbar, daß man den Ausgang des Wurfes als mechanisches Problem allenfalls im Prinzip, nicht aber im konkreten Fall vorherberechnen kann. In diesem Sinne wollen wir das Wort Zufall stets anwenden, selbst wenn rein kausale Beziehungen den Ablauf des Versuches beherrschen.

Wir führen einen Zufallsversuch mehrfach durch, wie etwa den Münzenwurf. Bei insgesamt n Versuchen sei das Merkmal A in x Fällen als Ergebnis aufgetreten. Dann bezeichnen wir mit

$$H(A)=x/n \tag{2.01}$$

die relative Häufigkeit des Ereignisses A.

2.2 Definitonsversuche

2.2.1   Klassische 'Definition' (Laplace 1812)

Mit g = Anzahl der günstigen Fälle und
     m = Anzahl der möglichen Fälle beschrieb Laplace durch

$$P(A) = g/m, \qquad (2.02)$$

welche Aussichten etwa der Glücksspieler seiner Wette beimessen
darf. Die Formel geht aus von der Annahme idealer Versuchsbedingungen; sie versagt beim Würfel mit einseitiger Ballasteinlage
und führt in die Irre, wenn wir die Aussichten abschätzen, einen
Sturz aus dem fünften Stockwerk zu überleben.

Die idealen Versuchsbedingungen unterstellen, daß die möglichen
Fälle gleichmöglich sind und damit auch gleichwahrscheinlich.
Folglich darf man die Formel von Laplace nur bei geometrisch und
physikalisch vollkommener Symmetrie anwenden, die dann die statistische Symmetrie nach sich zieht, die gleiche Wahrscheinlichkeit aller möglichen Fälle. So scheidet diese Beziehung aus, um
allgemein die Wahrscheinlichkeitsrechnung zu begründen. Wenn wir
jedoch symmetrische Probleme rechnerisch behandeln, erweist sie
nach wie vor ihre volle Berechtigung und Wirksamkeit. Ohne auch
nur einen einzigen Versuch durchführen zu müssen, können wir
'a priori', von vornherein, Wahrscheinlichkeiten bestimmen.

2.2.2   Statistische 'Definition' (von Mises 1931)

Von Mises führte die Vorschrift

$$P(A) = \lim_{n \to \infty} H(A) = \lim_{n \to \infty} x/n \qquad (2.03)$$

ein, die sich auf die Erfahrung stützt: in aller Regel schwankt
die relative Häufigkeit mit wachsender Anzahl der Versuche in
immer geringeren Ausschlägen um einen stabilen Endwert.

Die Vorschrift verlangt, daß die Zahl der Versuche über alle Grenzen zu wachsen hat, daß sie somit auch alle zukünftigen Experimente einschließt; sie enthält auch den einen Versuch, dessen Ausgang die Formel abschätzen soll. So ist auch diese Anweisung als Grundlage einer Definition zu verwerfen. Als Meß-vorschrift erweist sie jedoch ihre Wirksamkeit; dies demonstrie-ren die Meinungsforschungsinstitute in augenfälliger Weise bei jeder anstehenden Wahl. Aus einer endlichen Anzahl von Befragun-gen (Versuchen) berechnen sie relative Häufigkeiten, die mit hoher Wahrscheinlichkeit nur in engen Grenzen vom gesuchten Wert $P(A)$ abweichen. Nach Versuchen, 'a posteriori', schließt man so auf Wahrscheinlichkeiten.

2.2.3 Axiomatische Definition (Kolmogoroff 1933)

Nach den bisher nicht ganz befriedigenden Versuchen, eine geeig-nete Definition für die Wahrscheinlichkeitsrechnung zu finden, faßte Kolmogoroff die bereits 1901 in der "Encyklopädie der mathematischen Wissenschaften" von G. Bohlmann in seinem Beitrag über "Lebensversicherungsmathematik" [10] angegebenen "Defini-tionen und Axiome" in knapperer Form zusammen. Er stützt sich auf eine Ereignisalgebra, die wir als Boolesche Algebra auffas-sen dürfen. Bevor wir uns der axiomatischen Definition im über-nächsten Abschnitt 2.4 ausführlicher zuwenden, wollen wir im folgenden zunächst die Regeln der Ereignisalgebra zusammenstel-len; indem wir unsere Kenntnisse auffrischen, verfolgen wir zu-gleich das Ziel, eine einheitliche Schreibweise zu vereinbaren.

2.3 Ereignisalgebra

2.3.1 Ereignisse und ihre Darstellung

Ereignisse bezeichnen wir mit großen lateinischen Buchstaben; gegebenenfalls fügen wir einen geeigneten Index an, um sie ge-nauer zu kennzeichnen. Einige Ereignisse sind:

'Nach dem Wurf zeigt der Würfel die Augenzahl drei',
'das Bauteil ist ausgefallen' oder
'die Anlage ist funktionsfähig'.

Im Rahmen dieses Kapitels werden wir nahezu ausschließlich den Würfel als erläuterndes Beispiel heranziehen, da wir die Verhältnisse hier leicht einzusehen vermögen; erst später übertragen wir unsere Erkenntnisse auf technische Anwendungsfälle, die wir an dieser Stelle noch nicht angehen können.

Wenn wir mit einem normalen Würfel spielen, gibt es sechs mögliche Ereignisse; eine der Augenzahlen Eins bis Sechs muß am Ende des Versuches oben liegen. Zu allen nicht eindeutigen Endstellungen sagt man: "es brennt" und erklärt diese Versuche für ungültig. Die sechs Flächen des Würfels nebeneinandergelegt ergeben Abb.1, das Euler-Venn-Diagramm für diesen Versuch als Darstellung aller möglichen Versuchsausgänge. In Zukunft werden wir die Bilder der Würfelflächen durch die entsprechenden Zahlen andeuten.

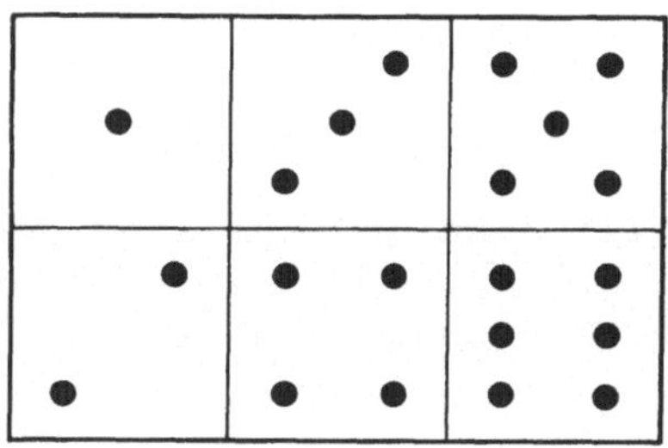

Abb.1

2.3.2   A zieht B nach sich, oder A ist in B enthalten

Für diesen Sachverhalt schreiben wir:

$A \subseteq B$.

Aussagenlogik und die Darstellung im Euler-Venn-Diagramm prägten die beiden Redeweisen.

Würfelbeispiel: Bert setzt als Bank gegen einen anderen Spieler auf die Augenzahlen 1, 2, 3, 4, und 6. Der Versuch ist ausgeführt, aber noch verdeckt der Knobelbecher den Würfel. Anton kann als Kiebitz unbemerkt einen flüchtigen Blick unter den

14

Becher werfen. Er sagt nun zu Bert: "Ich habe es nicht ganz
genau gesehen, aber es war sicherlich eine der geraden Zahlen."
Bezeichnen wir diese Aussage mit
A, dann kann Bert aus A schließen:
ich habe gewonnen. In die Felder
des Euler-Venn-Diagrammes, auf die
Bert wettet, tragen wir B ein und
in gleicher Weise A für die Aussage des Kiebitzes. So entsteht
Abb.2; die Felder der Aussage A
liegen vollständig im Bereich der
mit B gekennzeichneten Anteile.

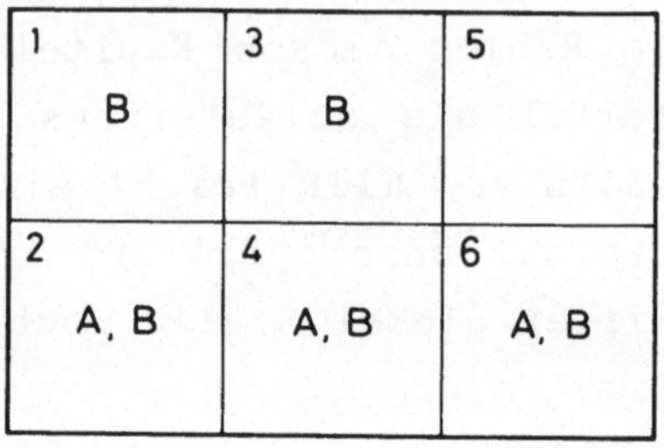

Abb.2

2.3.3 Gleichheit

$A = B$

gilt dann und nur dann, wenn

$A \subseteq B$ und $B \subseteq A$.

Würfelbeispiel: Bert setzt auf die
Augenzahlen 2, 4, 6 und Anton
kündigt als Kiebitz wieder gerade
Werte an. Der zu A gehörende Bereich umfaßt alles, was B zugeordnet ist und A liegt vollständig in
B; die Grenzen beider Gebiete verlaufen nach Abb.3 aufeinander, sie
decken sich.

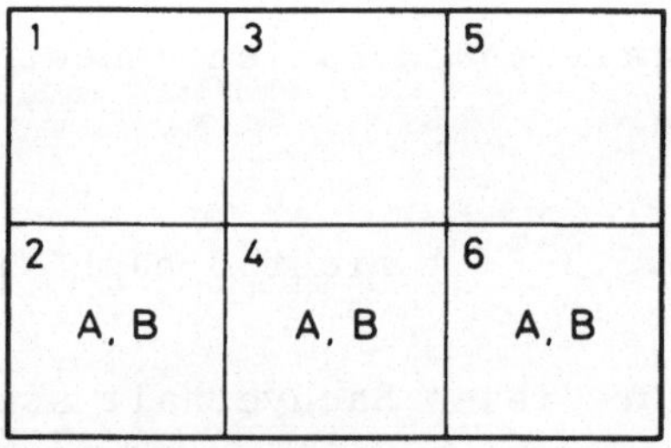

Abb.3

2.3.4 Das entgegengesetzte Ereignis

Sprechweise: "A nicht" oder "A quer".

Schreibweise: $\bar{A}$.

Das entgegengesetzte Ereignis zu A enthält alle Versuchsergeb-
nisse, die nicht zu A gehören. Die zweifache Verneinung liefert
wie im normalen Sprachgebrauch das Ursprüngliche:

$$\bar{\bar{A}} = A. \qquad\qquad (2.04)$$

Würfelbeispiel: Wenn Bert bei den
Augenzahlen 2, 4, 5 und 6 gewinnt,
sonst aber verliert, dann bezeichnen wir mit $\bar{B}$ die Ergebnisse 1, 3.
Abb.4 zeigt, daß jedes Teilfeld
entweder zum Bereich B oder zum
Gebiet $\bar{B}$ gehört. So liefert der
doppelte Gegensatz wieder das, wo-
von wir ausgingen.

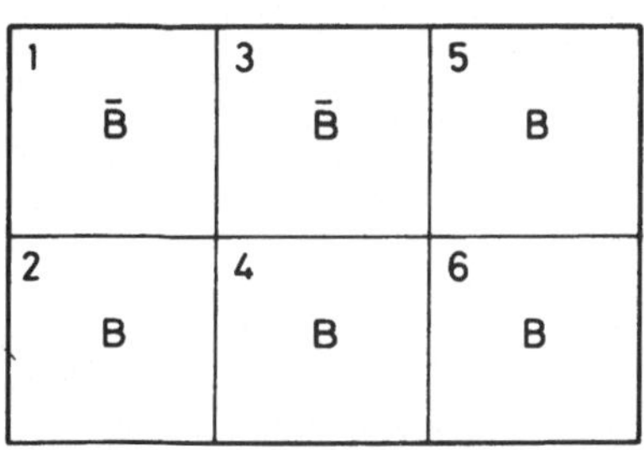

Abb.4

2.3.5   Produkt von Ereignissen

Sprechweise: "A und B"

Schreibweise: $AB, \prod_i A_i$

Unter dem Ergebnis dieser Operation versteht man alle Ereignisse, die zu A 'und' zu B gehören; sie blendet die Anteile der
Faktoren aus, die nicht in den anderen enthalten sind. In der
Schreibweise vermeiden wir die Symbole $\cap$ und $\wedge$, in Mengenlehre
und Aussagenlogik gebräuchlich, indem wir uns zumuten, Produkte
von Ereignissen und von reellen Zahlen auseinanderzuhalten; wir
gewinnen dadurch Vorteile beim Umgang mit Ausdrücken.

Würfelbeispiel: Anton wettet auf
die Zahlen 3, 4, 5 und Bert auf
die geraden. Anton 'und' Bert
haben zugleich gewonnen, wenn die
Augenzahl 4 als Ergebnis des Versuches erscheint. In Abb.5 stehen
die beiden Symbole A und B nur im
Feld 4 gemeinsam.

Abb.5

Rechenregeln

$$AB = BA, \tag{2.05}$$

es kommt bei der Konjunktion 'und' nicht auf die Reihenfolge der Faktoren an.

$$AA = A, \tag{2.06}$$

die beiden Faktoren der linken Seite bezeichnen dasselbe Ereignis.

$$A(BC) = (AB)C = ABC, \tag{2.07}$$

bei mehr als zwei Faktoren ist die Reihenfolge der Verknüpfung beliebig.

Die bisherigen Vereinbarungen führen auf die Aussage

$$AB \subseteq A. \tag{2.08}$$

2.3.6   Das unmögliche Ereignis $\emptyset$

Diese Bezeichnung umfaßt alles, was sich innerhalb der Versuchs‑bedingungen nicht verwirklichen läßt.

Würfelbeispiel: Anton wettet auf die Zahlen 1, 2; die Bank hält auf den übrigen dagegen. In dieser Situation kann es nicht vorkommen, daß beide (bei einem Wurf) gewinnen. Abb.6 zeigt kein Feld, in dem A und $\bar{A}$ zugleich erscheinen. Mit einem normalen Würfel ist es auch

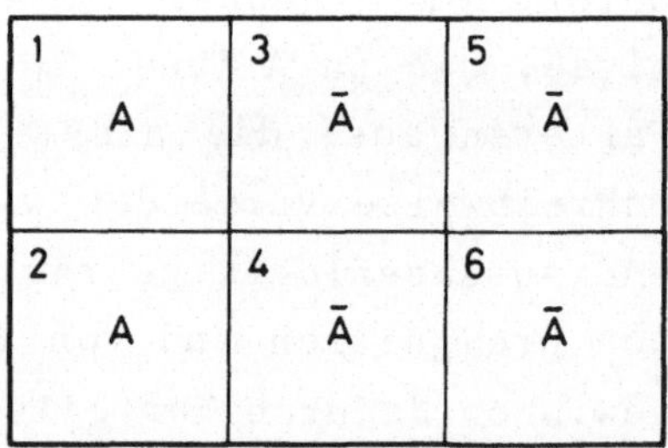

Abb.6

unmöglich, in einem Wurf die Zahl 7 als Ergebnis zu erhalten; es würde außerhalb unseres Euler-Venn-Diagrammes liegen.

Rechenregeln

$$A\bar{A} = \emptyset, \tag{2.09}$$

wie im Beispiel.

$$A\emptyset = \emptyset, \qquad\qquad (2.10)$$

wenn $\emptyset$ kein realisierbares Ereignis ist, dann kann es nicht gemeinsam mit A auftreten.

Redeweise:

Zu AB = $\emptyset$ sagt man: A, B sind (miteinander) unvereinbar,

A, B sind (einander, sich) fremd,

A, B schließen sich gegenseitig aus.

In diesem Fall gilt

$$A \subseteq \bar{B} \quad \text{und} \quad B \subseteq \bar{A}.$$

Würfelbeispiel: Anton setzt auf 1, 2 und Bert auf 4, 5, und 6. Es kann nur einer von beiden gewinnen; in der nebenstehenden Abb.7 gibt es kein Feld, in dem A und B gemeinsam auftreten, AB = $\emptyset$.

Abb.7

2.3.7 Summe von Ereignissen

Sprechweise: "A oder B"

Schreibweise: $A + B, \sum_i A_i$

Diese Operation liefert alle Ereignisse, die gleichzeitig zu A 'oder' zu B gehören; sie erfaßt alle Anteile der Summanden. Auch bei der Summe verzichten wir auf die sonst in Mengenlehre und Aussagenlogik gebräuchlichen Zeichen $\cup$ und $\vee$, um uns die gewohnte Übersicht über summierte Produkte zu erhalten.

Würfelbeispiel: Anton wettet auf 1, 3, 4 und Bert auf 4 und 6. Einer von beiden hat gewonnen - oder auch beide gleichzeitig -, wenn eine der Zahlen 1, 3, 4 oder 6 herauskommt. In Abb.8 gehören dazu alle Felder, in denen ein oder zwei der Symbole A, B stehen.

Abb.8

18

Rechenregeln

$$A + B = B + A, \tag{2.11}$$

> es kommt nicht auf die Reihenfolge an, in der wir
> die Ereignisse der Operation unterwerfen.

$$A + A = A, \tag{2.12}$$

> der zweite Summand bringt nichts Neues zum ersten
> hinzu.

$$A + (B + C) = (A + B) + C = A + B + C, \tag{2.13}$$

> bei mehreren Summanden ist es gleich-gültig, welche
> wir zunächst zusammenfassen, um dann das Zwischen-
> ergebnis mit dem Rest zu verknüpfen.

$$A + \emptyset = A, \tag{2.14}$$

> das unmögliche Ereignis liefert keinen zusätzlichen
> Beitrag.

Die Beziehung (2.08) können wir nun zu einer zweiseitigen 'Ein-schachtelung' ergänzen:

$$AB \subseteq A \subseteq A + B. \tag{2.15}$$

2.3.8   Das sichere Ereignis I

Das sichere Ereignis tritt stets ein, welches Ergebnis der Versuch auch immer liefern mag.

Würfelbeispiel: Wenn wir beim Würfeln die Spielregeln als Versuchsbedingungen einhalten, können wir nur eine der möglichen Augenzahlen erwarten. Abb.9 gilt für den Fall, daß Anton mit der 6 gewinnt, sonst aber verliert: Sicher wird er gewinnen oder verlieren.

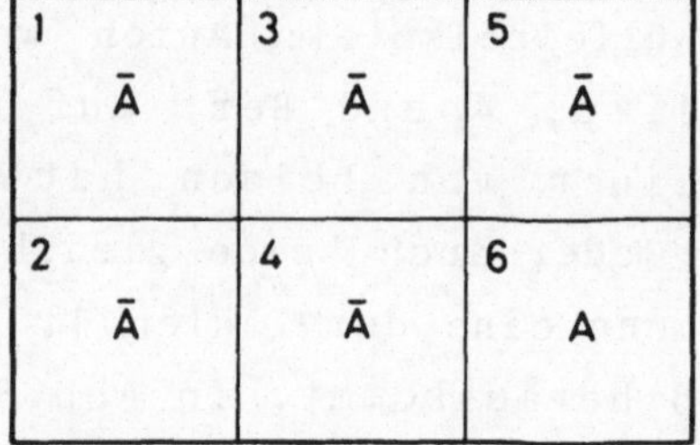

Abb.9

Rechenregeln

$$A + \bar{A} = I,\qquad\qquad(2.16)$$

> wie im Beispiel.

$$\bar{\emptyset} = I,\qquad\qquad(2.17)$$

> wenn alles andere außer dem unmöglichen Ereignis eintritt, dann ist es das sichere.

$$AI = A,\qquad\qquad(2.18)$$

> das sichere Ereignis umfaßt alle anderen außer $\emptyset$; beiden Faktoren gemeinsam ist also A.

$$A + I = I,\qquad\qquad(2.19)$$

> da I bereits alles umfaßt, kommt mit A nichts Neues hinzu; A ist bereits in I enthalten.

2.3.9 Distributives Gesetz

Wie beim Rechnen mit reellen Zahlen lautet die Vorschrift, wenn wir Klammern ausmultiplizieren oder wenn wir umgekehrt verfahren und gemeinsame Faktoren mehrerer Summanden ausklammern:

$$A(B + C) = AB + AC.\qquad\qquad(2.20)$$

Teilweise unterscheiden sich die bislang eingeführten Regeln von denen, die wir aus dem Umgang mit reellen Zahlen gewohnt sind. Diese Tatsache haben wir besonders bei verketteten Operationen zu beachten; dazu ein einfaches Beispiel (s. etwa Abb.8):

$$
\begin{aligned}
A(A + B) = &\qquad\qquad(2.21)\\
= AA + AB, &\quad \text{ausmultipliziert nach (2.20).}\\
= A + AB, &\quad \text{AA zu A zusammmengefaßt, (2.06).}\\
= AI + AB, &\quad \text{AI an Stelle A geschrieben, (2.18).}\\
= A(I+B), &\quad \text{gemeinsamer Faktor A der beiden Summanden}\\
&\quad \text{ausgeklammert, (2.20).}\\
= AI, &\quad \text{Summe zu I zusammengefaßt, (2.19).}\\
= A, &\quad \text{Produkt umgeschrieben, (2.18).}
\end{aligned}
$$

In gleicher Weise ergibt sich:

$$(A + B)(B + C) = AB + AC + BB + BC = AC + B. \qquad (2.22)$$

Wie oben schreiben wir den Summanden BB um zu B und nehmen dann die Glieder AB und BC mit auf in das sie umfassende B. Manche Autoren bezeichnen (2.22) als 'Einschmelzungsregel'.

Bereits diese kleinen Umrechnungen zeigen, daß unsere Wahl der Operatorsymbole sich als sinnvoll herausstellt. Die anderen Zeichen, seien es ∪ und ∩ aus der Mengenlehre oder ∨ und ∧ von den logischen Ausdrücken, sie würden den uns gewohnten Überblick nach Produkten und Summanden vermissen lassen.

2.3.10 De Morgans Theorem

Für das entgegengesetzte Ereignis zu einem Produkt oder zu einer Summe gilt nach de Morgan:

$$\overline{ABC} = \bar{A} + \bar{B} + \bar{C} \quad \text{und} \qquad (2.23)$$

$$\overline{A + B + C} = \bar{A}\bar{B}\bar{C}. \qquad (2.24)$$

Mit anderen Worten: Bei der Negierung einer Operation hat man für die Operatoren 'und' und 'oder' jeweils den anderen einzusetzen und die Operanden einzeln zu negieren. Dabei wollen wir festhalten, daß der Querstrich über einem Produkt oder einer Summe eine Klammer ersetzt, wie wir es vom Bruchstrich beim Rechnen mit reellen Zahlen gewohnt sind.

Würfelbeispiel (Abb.10):
Anton wettet auf (A): 1, 2 und 3;
er verliert bei ($\bar{A}$): 4, 5 und 6.
Bert wettet auf (B): 2, 3 und 4;
er verliert bei ($\bar{B}$): 1, 5 und 6.
Claus wettet auf (C): 3, 4 und 5;
er verliert bei ($\bar{C}$): 1, 2 und 6.
Alle drei haben gewonnen (ABC),
wenn die Zahl 3 erscheint; der

1 A, $\bar{B}$, $\bar{C}$	3 A, B, C	5 $\bar{A}$, $\bar{B}$, C
2 A, B, $\bar{C}$	4 $\bar{A}$, B, C	6 $\bar{A}$, $\bar{B}$, $\bar{C}$

Abb.10

Gegensatz dazu ist: 'nicht' alle drei haben gewonnen $(\overline{ABC})$ bei den Zahlen 1, 2, 4, 5 und 6, also mindestens einer verloren: $(\bar{A}+\bar{B}+\bar{C})$. Wenigstens einer von ihnen hat gewonnen $(A+B+C)$ mit den Zahlen 1, 2, 3, 4 und 5; das Gegenteil ist: 'nicht' einer hat gewonnen $(\overline{A+B+C})$ oder gleichwertig, keiner hat gewonnen $(\bar{A}\bar{B}\bar{C})$, wenn der Versuch die Augenzahl 6 liefert.

2.3.11 Zusammengesetztes Ereignis

Wenn $A \neq C$ und $B \neq C$, dann wollen wir $C = A+B$ ein zusammengesetztes Ereignis nennen. Von ihm wollen wir nur dann reden, wenn in der Summe etwas von den einzelnen Summanden Verschiedenes entsteht. Deswegen sollen die Voraussetzungen die Fälle: $C = C+C$ und $C = C+\emptyset$ ausschließen.

2.3.12 Elementares Ereignis

Elementare Ereignisse lassen sich im Rahmen der jeweils angenommenen Betrachtungsweise nicht weiter zergliedern; sie schließen einander paarweise aus. Für den Würfel wäre etwa: "Augenzahl Eins und nicht Zwei und nicht Drei und nicht Vier und nicht Fünf und nicht Sechs" ein elementares Ereignis, zu dem wir auch in verkürzter Form sagen: "Augenzahl Eins". Für die elementaren Ereignisse A_1, A_2,..., A_i,..., A_j,... gilt:

$$A_i A_j = \emptyset, \quad \text{für } i \neq j; \tag{2.25}$$

den Sonderfall $i=j$ haben wir hier wegen (2.06) auszuschließen, sonst wäre keines der elementaren Ereignisse möglich.

Jedes zusammengesetzte Ereignis läßt sich als Summe von elementaren Ereignissen angeben. Wir können alle Ereignisse als Summe elementarer Ereignisse wiedergeben, wenn wir formal auch Summen gelten lassen, die einen Summanden aufweisen - also die elementaren Ereignisse selber - oder die keinerlei Summanden vorweisen - darunter wollen wir das unmögliche Ereignis verstehen.

2.3.13 Das vollständige Ereignissystem

Von einem vollständigen Ereignissystem wollen wir reden, wenn elementare Ereignisse in der Summe das sichere Ereignis bilden, wenn also für A_1, A_2,..., A_i,..., A_j,..., A_n gilt:

$$A_i \neq \emptyset, \text{ für } i = 1, 2,..., n,$$
(2.26)

$$A_i A_j = \emptyset, \text{ für } i \neq j, \text{ und}$$

$$\sum_{i=1}^{n} A_i = I.$$

Beispiel: Welche und wieviele Ereignisse kann man in einem vollständigen Ereignissystem angeben? Zur Vereinfachung wählen wir statt des gewohnten Würfels eine Pyramide, ein Tetraeder. Die vier Ecken sollen rot, grün, blau und weiß eingefärbt sein; eine Ecke und mit ihr eine der Farben wird stets oben liegen. In einer Kurzform bezeichnen wir die vier möglichen elementaren Ereignisse mit:

A_1 für "rot und nicht grün und nicht blau und nicht weiß",
A_2 für "grün und nicht rot und nicht blau und nicht weiß",
A_3 für "blau und nicht rot und nicht grün und nicht weiß" und
A_4 für "weiß und nicht rot und nicht grün und nicht blau".

Mit diesen Abkürzungen führt Tabelle 1 in der zweiten Spalte die

$\emptyset$	A_1 A_2 A_3 A_4	A_1+A_2 A_1+A_3 A_1+A_4 A_2+A_3 A_2+A_4 A_3+A_4	$A_1+A_2+A_3$ $A_1+A_2+A_4$ $A_1+A_3+A_4$ $A_2+A_3+A_4$	$A_1+A_2+A_3+A_4 = I$
$\binom{4}{0}$	$\binom{4}{1}$	$\binom{4}{2}$	$\binom{4}{3}$	$\binom{4}{4}$

Tabelle 1

elementaren Ereignisse auf. Von der dritten Spalte an sind die Ereignisse mit je zwei, drei und vier Summanden eingetragen, alles zusammengesetzte Ereignisse, zu denen auch das sichere zählt. In der ersten Spalte steht das unmögliche Ereignis für eine Summe mit keinem Summanden. Die letzte Zeile verzeichnet die Anzahl der Ereignisse einer jeden Spalte mit Binomialkoeffizienten, die sich aus der Anzahl der elementaren Ereignisse ableiten, hier waren es vier.

Der binomische Ausdruck $(a+b)^n$ bestimmt uns für $a=b=1$ den Wert, den die Summe der Binomialkoeffizienten annimmt. In einem vollständigen Ereignissystem mit n elementaren Ereignissen kann man also mit

$$\sum_{i=0}^{n} \binom{n}{i} = 2^n \qquad (2.27)$$

verschiedenen Ereignissen rechnen. Beim normalen Würfel hätten wir so $2^6=64$ Ereignisse niederschreiben müssen, eine Übung, auf die wir gern verzichten.

Erstmals begegnet uns hier die ins Ungeheure wachsende Funktion 2^n, deren Werte bereits für mäßige Zahlen n praktikable Grenzen übersteigen. Später wird sie in einigen Rechenanweisungen erneut auftreten; wir müssen uns bemühen, die Formeln so umzubauen, daß wir sie vermeiden.

2.4 Axiomensystem nach Kolmogoroff

2.4.1 Die Axiome

Nachdem wir im letzten Abschnitt das Rechnen mit Ereignissen kennengelernt haben, können wir uns nun wieder der axiomatischen Definition der Wahrscheinlichkeitsrechnung zuwenden. Im Rahmen von Zuverlässigkeitsuntersuchungen beschäftigen wir uns in der Regel mit einer endlichen Zahl von Ereignissen. Dazu benötigen wir die folgenden Axiome:

24

a) Sind A und B Ereignisse, so sind auch $\bar{A}$, AB und A+B Ereignisse. (Diese Eigenschaft hatten wir im vorhergehenden Abschnitt stillschweigend vorausgesetzt.)

b) Jedem Ereignis A ist eine reelle Zahl $P(A) \geq 0$ zugeordnet.

c) I ist ein Ereignis mit $P(I)=1$.

d) Wenn A und B einander ausschließen $(AB=\emptyset)$, so ist

$$P(A + B) = P(A) + P(B).$$

Aus diesem Axiomensystem leiten wir weitere Eigenschaften ab:

2.4.2   Schachtelung

Wenn $A \subseteq B$, dann folgt $P(A) \leq P(B)$.
Beweis (s. Abb.11): B läßt sich zerlegen in die sich gegenseitig ausschließenden Ereignisse $B=A+\bar{A}B$. Dann dürfen wir das Axiom d) anwenden:

$$P(B) = P(A + \bar{A}B) = P(A) + P(\bar{A}B).$$

Mit b) ist $P(\bar{A}B)$ eine reelle Zahl, größer, allenfalls gleich Null. Damit erhalten wir:

$$P(A) = P(B) - P(\bar{A}B) \leq P(B);$$

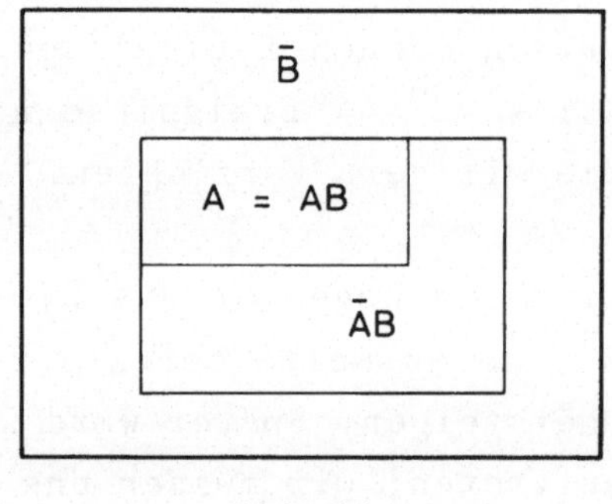

Abb.11

weil Wahrscheinlichkeiten allein positive Werte annehmen, haben wir die Behauptung bestätigt.

2.4.3   Grenzen für Wahrscheinlichkeiten

Aus der Schachtelung und dem Axiom c) erhalten wir die obere Grenze für Wahrscheinlichkeiten. Da stets $A \subseteq I$, folgt:

$$P(A) \leq P(I) = 1.$$

Das Axiom b) gab die untere Grenze, so daß nun eine beidseitige Eingrenzung vorliegt:

$$0 \leq P(A) \leq 1. \qquad (2.28)$$

2.4.4   Wahrscheinlichkeit des entgegengesetzten Ereignisses

Aus der Wahrscheinlichkeit eines gegebenen Ereignisses leiten wir die des entgegengesetzten Ereignisses ab zu:

$$P(\bar{A}) = 1 - P(A). \qquad (2.29)$$

Beweis: Das sichere Ereignis zerlegen wir in die einander ausschließenden Ereignisse A und $\bar{A}$; dann gilt mit d):

$$P(I) = P(A + \bar{A}) = P(A) + P(\bar{A}) = 1.$$

Wegen $\emptyset = \bar{I}$ stellen wir insbesondere fest:

$$P(\emptyset) = 0. \qquad (2.30)$$

2.4.5   Summe vieler einander ausschließender Ereignisse

Die n Ereignisse A_1, A_2, ..., A_n mögen einander paarweise ausschließen, wie beispielsweise elementare Ereignisse. In Axiom d) ersetzen wir A durch A_1 sowie B durch $A_2 + B'$ und verlangen, daß sich neben den ursprünglichen Summanden A und B auch A_2 und B' nicht miteinander vereinbaren lassen. Dann erhalten wir:

$$P(A_1 + A_2 + B') = P(A_1) + P(A_2) + P(B').$$

Nun wiederholen wir das Verfahren fortlaufend, indem wir für B' und entsprechende neue Ausdrücke geeignete Summen von einander fremden Ereignissen einsetzen und gelangen zu:

$$P\left(\sum_{i=1}^{n} A_i \right) = \sum_{i=1}^{n} P(A_i) \qquad (2.31)$$

(Beweis durch vollständige Induktion).

Für vollständige Ereignissysteme gilt insbesondere:

$$P\left(\sum_{i=1}^{n} A_i\right) = P(I) = \sum_{i=1}^{n} P(A_i).$$ (2.32)

2.4.6 Summen beliebiger Ereignisse

Hat man es mit Ereignissen zu tun, die einander entgegen der Voraussetzung zum Axiom d) nicht ausschließen, so gilt:

$$P(A + B) = P(A) + P(B) - P(AB).$$ (2.33)

Beweis: A+B sowie B spalten wir auf in Ereignisse, die sich gegenseitig ausschließen (s. Abb.12):

$$A + B = A + \bar{A}B \qquad \text{und}$$

$$B = \bar{A}B + AB$$

Für die Ereignisse auf beiden Seiten dieser Gleichungen schreiben wir die Wahrscheinlichkeiten auf und wenden auf den rechten Seiten das Axiom d) an. Ziehen wir die zweite Gleichung von der ersten ab, so erhalten wir die Behauptung als Ergebnis:

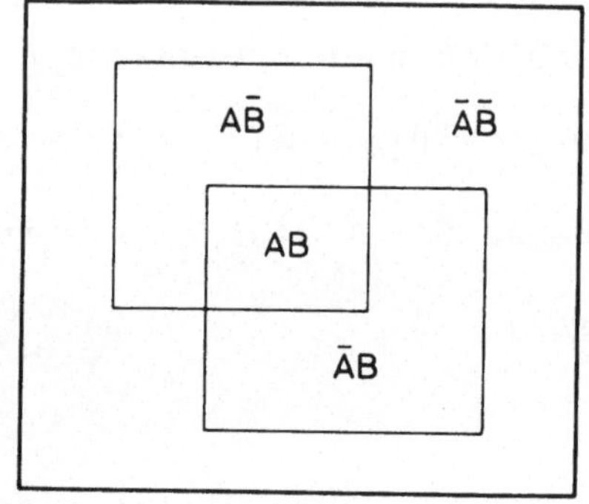

Abb.12

$$
\begin{array}{rcl}
P(A + B) &=& P(A) + P(\bar{A}B) \\
- P(B) &=& \qquad - P(\bar{A}B) - P(AB) \\
\hline
P(A + B) &=& P(A) + P(B) \quad - P(AB).
\end{array}
$$

Beispiel zu (2.33): Ein junger Mann möchte heiraten. Er wünscht sich ein Mädchen, das in der Größe zu ihm paßt. Auch mag er Mädchen mit blauen Augen gern. Ganz 'zufällig' findet er Zahlenangaben in Tabelle 2 darüber, wie diese Merkmale im Mittel je hundert Mädchen verteilt sind: Indem er das Merkmal der Augenfarbe fallenließ, hat ein freundlicher Mensch auf der rechten Seite die Angaben so zusammengefaßt, daß unser junger Mann aus ihnen

		Blauäugig B	Nicht Blauäugig $\bar{B}$		
In der Größe passend	A	AB 35	$A\bar{B}$ 20	$A=A(B+\bar{B})$ 55
In der Größe nicht passend	$\bar{A}$	$\bar{A}B$ 30	$\bar{A}\bar{B}$ 15	$\bar{A}=\bar{A}(B+\bar{B})$ 45
		$B=B(A+\bar{A})$ 65	$\bar{B}=\bar{B}(A+\bar{A})$ 35	

Tabelle 2

schließen kann, wieviele Mädchen in der Größe zu ihm passen (A).
Im unteren Teil liest er ab, auf welchen Anteil blauäugiger Mädchen er hoffen darf (B). Nun sagt er sich, man soll nicht unbe-
scheiden sein; ich bin zufrieden, wenn meine Braut blaue Augen
hat oder wenn sie in der Größe zu mir paßt. Ohne allzu große
Skrupel zählt er die Wahrscheinlichkeiten für die Merkmale A von
rechts und B von unten zusammen und kommt auf 1,2; er hatte
seine Wahrscheinlichkeitsrechnung nicht gelernt und übersehen,
daß die Mädchen, die in der Größe passen und die ihn gleichzeitig mit blauen Augen ansehen, in den Zusammenfassungen sowohl
rechts als auch unten erscheinen: er hat ihren Anteil doppelt
gezählt. Indem wir in P(A+B) den Summanden A nach $AB+A\bar{B}$ und B
nach $AB+\bar{A}B$ zerlegen, weisen wir ihm seinen Irrtum nach.

Das Erweitern dieser Vorschrift auf mehr als zwei Ereignisse
folgt der Vorgehensweise, die wir bei einander ausschließenden
Ereignissen ansetzten. Mit $A=A_1$ sowie $B=A_2+B'$ in (2.33) erhalten
wir als erstes Zwischenergebnis:

$$P(A_1 + A_2 + B') = P(A_1) + P(A_2 + B') - P(A_1 A_2 + A_1 B').$$

Für die Wahrscheinlichkeiten von Ereignissummen auf der rechten Seite nutzen wir nun (2.33) als Regel aus und gewinnen:

$$P(A_1 + A_2 + B') = P(A_1) + P(A_2) + P(B') -$$

$$- P(A_1 A_2) - P(A_1 B') - P(A_2 B') +$$

$$+ P(A_1 A_2 B').$$

Wie oben führen wir das Einsetzen mehrfach durch und erhalten schließlich als Vorschrift:

$$P\left(\sum_{i=1}^{n} A_i\right) = \sum_{i=1}^{n} P(A_i) - \sum_{i=1}^{n-1} \sum_{j=i+1}^{n} P(A_i A_j) + \tag{2.34}$$

$$+ \sum_{i=1}^{n-2} \sum_{j=i+1}^{n-1} \sum_{k=j+1}^{n} P(A_i A_j A_k) - + \ldots - (-1)^n P\left(\prod_{i=1}^{n} A_i\right)$$

(Beweis durch vollständige Induktion).

In dieser Anweisung verfügen wir über eine Regel, mit der wir die Wahrscheinlichkeit einer Ereignissumme auflösen in eine Summe über Wahrscheinlichkeiten der einzelnen Summanden sowie ihrer Produkte. Es sind alle Produkte zu bilden, die sich in der Auswahl der Faktoren voneinander unterscheiden, wobei es auf die Reihenfolge nicht ankommt. Nach einer solchen Vorschrift hatten wir beim Tetraeder-Beispiel auf Seite 22 alle Ereignisse innerhalb des vollständigen Ereignissystems aus Summanden niedergeschrieben. Unsere Vorschrift (2.34) verlangt also, daß wir eine Summe aus $2^n - 1$ Gliedern zu bilden haben. Erinnern wir uns an die Vorbemerkung im ersten Kapitel, dann halten wir das, selbst bei mäßigen n, für ein abenteuerliches Unterfangen. Zusätzlich wechseln die Vorzeichen mit jeder neuen Gruppe, so daß man bei der numerischen Rechnung mit Fehlereinflüssen zu rechnen hat. Doch bevor wir diesen Sachverhalt näher untersuchen und nach einem Ausweg fahnden, der uns zumindest in besonderen Fällen weiterhilft, vorher also wollen wir uns im folgenden Abschnitt der Frage zuwenden, wie die Wahrscheinlichkeit eines Ereignisproduktes berechnet wird aus dem, was man über die Faktoren weiß.

2.5 Bedingte Wahrscheinlichkeiten

2.5.1   Was sind bedingte Wahrscheinlichkeiten?

Gelegentlich hat man das Bedürfnis, die umfassende Betrachtung
aller Ereignisse für eine gewisse Zeit zurückzustellen und sich
nur mit einem Teilgebiet zu beschäftigen: welche Wahrscheinlichkeit kommt einem bestimmten Ereignis in diesem Ausschnitt zu?

Würfelbeispiel: Fritz wettet auf die Augenzahl 6. Der Versuch
ist ausgeführt. Ein Kiebitz schaut unbemerkt unter den Knobelbecher und sagt: "Es liegt eine gerade Augenzahl oben." Damit
steht Fritz vor einer neuen Situation. Statt mit den vorher
sechs möglichen Ereignissen rechnen zu müssen, braucht er nun
nur noch drei zu berücksichtigen. Auf Grund der Aussage wird
das Ereignis 'ungerade Augenzahl' unmöglich und 'gerade Augenzahl' wird sicher. Der Kiebitz
greift in den normalen Versuchs-
ablauf ein, er ändert die Bedingungen, nach denen das Ergebnis
abzuschätzen ist. Seine Information legt gleichsam eine Maske auf
das ursprüngliche Euler-Venn-Diagramm. Sie deckt die ungeraden zu
und läßt nur noch die geraden Zahlen sehen; dies ist nebenstehend

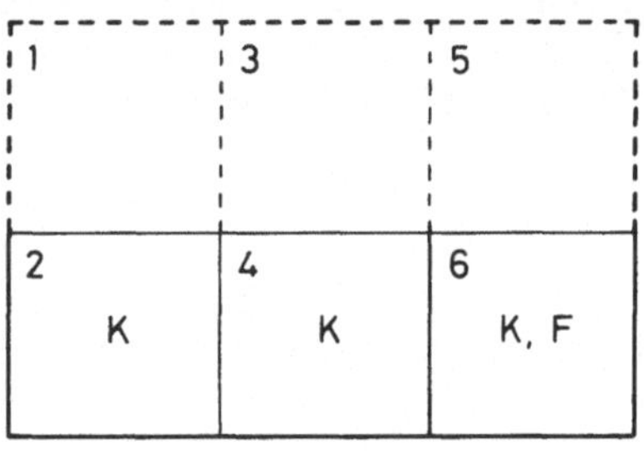

Abb.13

angedeutet. Fritz kann nun die Wahrscheinlichkeit, mit der er
gewinnt, aus der Anzahl der für ihn günstigen Fälle (1) und der
nach der Aussage noch möglichen (3) zu 1/3 bestimmen. Will man
diesen Sachverhalt im Rahmen der ursprünglichen Versuchsbedingungen formulieren, so hat man die Wahrscheinlichkeit von F

unter der Bedingung, daß K gegeben ist, oder

unter der Voraussetzung, daß K eingetreten ist, oder

unter der Information K oder auch

unter der Annahme, daß K vorliegt,

zu berechnen und schreibt dafür P(F/K).

Eigentlich sind alle Wahrscheinlichkeiten 'bedingt'; wir setzen stets voraus, daß die Vorschriften der Versuche eingehalten werden. Das sehen wir als selbstverständlich an und schreiben es nicht jedesmal hinzu. Ausdrücklich von bedingten Wahrscheinlichkeiten reden wir nur, wenn wir die ursprünglichen Versuchsbedingungen zwischenzeitlich einmal verlassen und die Verhältnisse innerhalb eines Teilbereiches aller möglichen Ereignisse betrachten. In solchen Fällen werden wir diesen Teilbereich als Bedingung angeben.

Zurück zum Würfelbeispiel: Vor dem Wurf kann Fritz bei sich sagen: Gesetzt der Fall, der Kiebitz kündigt gerade Zahlen an, dann liegt jetzt die Wahrscheinlichkeit 1/2 vor, daß er nach dem Wurf so aussagen kann. Folglich berechne ich die Wahrscheinlichkeit, daß der Kiebitz gerade Zahlen ankündigt 'und' daß von diesen geraden Zahlen meine Sechs oben liegt, nach:

$$P(FK) = P(K)P(F/K) = (1/2)(1/3) = 1/6.$$

Allgemein setzen wir für Ereignisprodukte fest:

$$P(AB) = P(A)P(B/A) \tag{2.35}$$

und da es im Produkt auf die Reihenfolge der Faktoren nicht ankommt, dürfen wir auch

$$P(AB) = P(B)P(A/B)$$

dafür schreiben.

Diese Beziehung regelt die Frage: Wie löse ich die Wahrscheinlichkeit eines Ereignisproduktes auf? Man darf also im allgemeinen Fall nicht die Wahrscheinlichkeiten aller Faktoren dazu heranziehen; man hat die besonderen Umstände jeweils zu berücksichtigen.

Wir sehen (2.35) als Definition für bedingte Wahrscheinlichkeiten an. Verschwindet $P(A)$ oder $P(B)$ oder gar beide gemeinsam, so auch $P(AB)$. Fragt man in diesen Fällen nach bedingten Wahrscheinlichkeiten, dann möchte man entweder wissen:

wie wahrscheinlich ist das unmögliche Ereignis,

wenn ein anderes eintrat,

oder:

welche Wahrscheinlichkeit kommt einem bestimmten Ereignis zu,

wenn das unmögliche vorliegt.

In beiden Alternativen beschreiben wir einen Sachverhalt, der dem unmöglichen Ereignis gleichkommt.

2.5.2   Drei Beispiele für bedingte Wahrscheinlichkeiten

Die bedingte Wahrscheinlichkeit $P(A/B)$ kann von Fall zu Fall größer, gleich oder kleiner als $P(A)$ sein. Dazu drei Würfelbeispiele, in denen A_i für die Augenzahl i steht.

(1) $A = A_1 + A_2 + A_3; \quad B = A_1 + A_2.$

$P(A) = 1/2; \quad P(B) = 1/3; \quad P(AB) = 1/3.$

Damit berechnen wir:

$P(A/B) = P(AB)/P(B) = 1$ und

$P(B/A) = P(AB)/P(A) = 2/3.$

Die beiden bedingten Wahrscheinlichkeiten sind größer als die

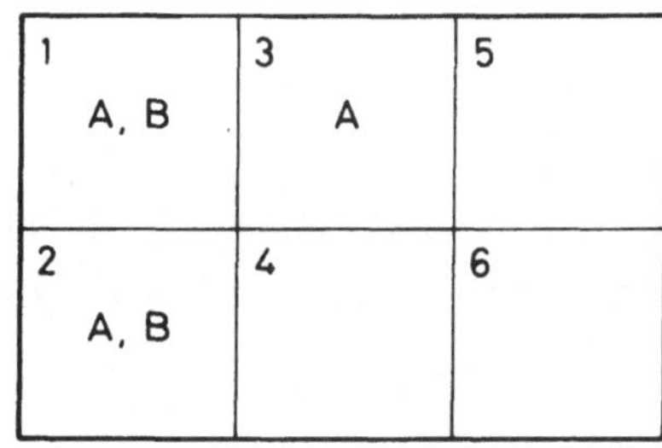

Abb.14

entsprechenden ohne Bedingung. Insbesondere haben wir für $P(A/B)$ den Wert 1 erhalten (weil $B \subseteq A$): Wenn sicher ist, daß die Augenzahlen Eins oder Zwei vorliegen und alle anderen ausscheiden, dann haben wir mit Sicherheit gewonnen, wenn wir auf die Zahlen Eins bis einschließlich Drei gewettet hatten.

(2) $A = A_1 + A_2 + A_3; \quad B = A_3 + A_4.$

$P(A) = 1/2; \quad P(B) = 1/3; \quad P(AB) = 1/6.$

Daraus folgt:

$P(A/B) = P(AB)/P(B) = 1/2$ und

$P(B/A) = P(AB)/P(A) = 1/3.$

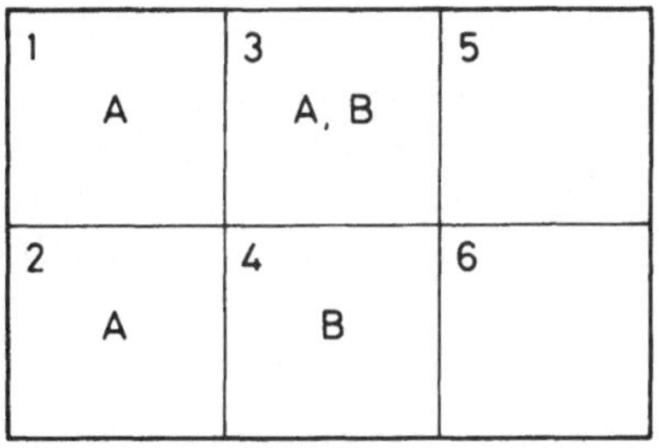

Hier bringen die Bedingungen keine

Abb.15

32

neue Information; hatten wir auf eines der Ereignisse gesetzt,
dann werden wir unsere Aussichten nicht anders einschätzen, wenn
wir hören, das andere sei eingetreten.

(3) $A = A_1 + A_2 + A_3$; $B = A_5 + A_6$.

$P(A) = 1/2$; $P(B) = 1/3$; $P(AB) = 0$.

Mit diesen Werten erhalten wir:

$P(A/B) = P(AB)/P(B) = 0$ und

$P(B/A) = P(AB)/P(A) = 0$.

Kündigt in diesem Beispiel der Kiebitz das eine Ereignis an, dann ver-
lieren alle, die auf das andere gesetzt haben ($A \subseteq \bar{B}$ und $B \subseteq \bar{A}$).

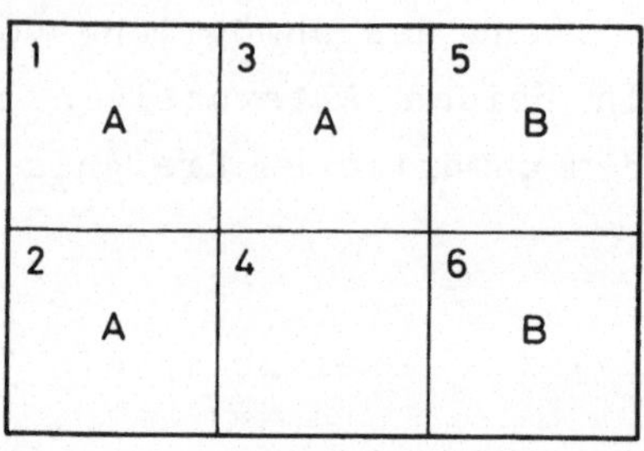

Abb.16

2.5.3   Statistische Unabhängigkeit

Wenn $P(A/B)=P(A)$, wie wir es im zweiten Beispiel sahen, dann
gilt nach (2.35) auch stets $P(B/A)=P(B)$. Man sagt: A und B sind
voneinander (statistisch) unabhängig. In solchen für die Rechnung angenehmen Fällen schrumpft unsere ursprüngliche Definition
bedingter Wahrscheinlichkeiten auf die einfache Beziehung

$$P(AB) = P(A)P(B) \tag{2.36}$$

zusammen: dann erhalten wir die Wahrscheinlichkeit eines Ereignisproduktes aus dem Produkt der Faktorenwahrscheinlichkeiten.

Fassen wir P( ) als Wahrscheinlichkeitsoperator auf, dann dürfen
wir ihn in der Reihenfolge mit der Produktbildung vertauschen,
falls die Ereignisfaktoren voneinander unabhängig sind. In allen
anderen Fällen sind wir auf bedingte Wahrscheinlichkeiten angewiesen. Eine ähnliche Aussage lieferte die aus Axiom d) hervor-
gegangene Gleichung (2.31): Addition und Wahrscheinlichkeitsoperator dürfen wir in der Reihenfolge vertauschen, sofern die
Ereignissummanden einander ausschließen. In allen anderen Fällen
müssen wir zusätzliche Korrekturen nach (2.34) berücksichtigen.

Erfreulicherweise dürfen wir die Aussage umkehren, in die wir
(2.36) eingebettet haben; notwendig und hinreichend ist

$$P(AB) = P(A)P(B)$$

dafür, daß die Ereignisse A und B voneinander unabhängig sind.

Diesen Zusammenhang nutzen wir aus, um nachzuweisen, daß A und
$\bar{B}$ nicht voneinander abhängen, sofern nur A und B voneinander
unabhängig sind. Wie früher zerlegen wir das Ereignis A in die
sich ausschließenden Summanden AB
und $A\bar{B}$ (s. Abb.17). Dann erhalten
wir mit

$$
\begin{aligned}
P(A\bar{B}) &= P(A) - P(AB) \\
&= P(A) - P(A)P(B) \\
&= P(A)[1 - P(B)] \\
&= P(A)P(\bar{B})
\end{aligned}
$$

die Behauptung als Ergebnis.

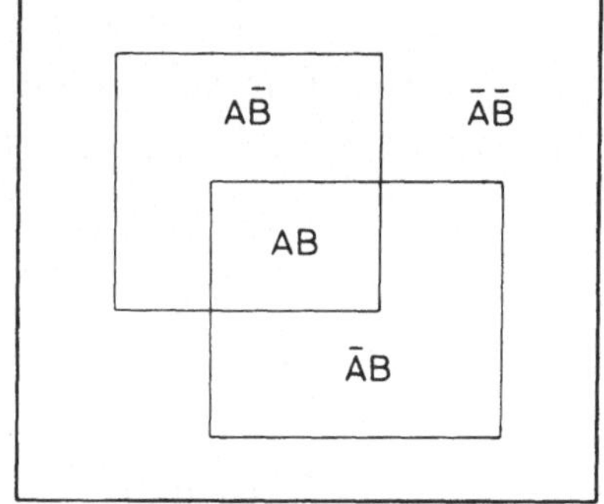

Abb.17

2.5.4   Regel von der totalen Wahrscheinlichkeit

Die Zerlegung der Wahrscheinlichkeit eines Ereignisproduktes
ziehen wir heran, um die Regel von der totalen Wahrscheinlichkeit herzuleiten. Gegeben sei das Ereignis A, für das wir AI
schreiben. Das sichere Ereignis I zerlegen wir in die einander
ausschließenden Ereignisse B_i mit

$$\sum_{i=1}^{n} B_i = I \quad \text{und} \quad B_i B_j = \emptyset, \text{ für } i \neq j.$$

So erhalten wir als Berechnungsvorschrift für P(A),

$$P(A) = P(A \sum_{i=1}^{n} B_i) = \sum_{i=1}^{n} P(AB_i) = \sum_{i=1}^{n} P(B_i)P(A/B_i), \qquad (2.37)$$

sofern wir nur die Größen auf der rechten Seite kennen.

34

2.5.5   Formeln von Bayes

Aus dem beiderseits möglichen Auflösen der Wahrscheinlichkeit eines Ereignisproduktes (2.35) leiten wir die Berechnungsvorschrift

$$P(B/A) = \frac{P(AB)}{P(A)} = \frac{P(B)P(A/B)}{P(A)} \tag{2.38}$$

für eine bedingte Wahrscheinlichkeit ab, wenn die Größen der rechten Seite vorliegen und $P(A)$ nicht verschwindet. Sehen wir B als eines der sich ausschließenden B_i an, wie sie in der Regel von der totalen Wahrscheinlichkeit auftreten, so dürfen wir die Vorschrift benutzen, um $P(B_i/A)$ darzustellen:

$$P(B_i/A) = \frac{P(B_i)P(A/B_i)}{\displaystyle\sum_{j=1}^{n} P(B_j)P(A/B_j)} . \tag{2.39}$$

2.5.6   Produkt vieler Ereignisse

Haben wir es zunächst mit einem Ereignisprodukt aus drei Faktoren zu tun, so erhalten wir mit $A=A_1A_2$ in (2.35)

$$P(A_1A_2B) = P(A_1A_2)P(B/A_1A_2)$$

und wenden (2.35) als Regel an, um

$$P(A_1A_2B) = P(A_1)P(A_2/A_1)P(B/A_1A_2)$$

zu gewinnen. Für n Faktoren ergibt sich durch fortlaufendes Einsetzen:

$$P(\prod_{i=1}^{n} A_i) = P(A_1)P(A_2/A_1)\ldots P(A_n/\prod_{i=1}^{n-1} A_i) \tag{2.40}$$

(Beweis durch vollständige Induktion).

Wir dürfen die Faktoren in beliebiger Reihenfolge anordnen. Sie sind nur dann vollständig unabhängig, wenn in keiner einzigen

Kombination eine bedingte Wahrscheinlichkeit auftritt, wenn also
für k=2,..., n gilt:

$$P(A_{i_1} A_{i_2} \ldots A_{i_k}) = P(A_{i_1}) P(A_{i_2}) \ldots P(A_{i_k}),$$

wobei die Indizes i_1, i_2, ..., i_k eine beliebige Folge von k
Zahlen aus den Werten 1, 2, ..., n darstellen.

2.6 Wahrscheinlichkeit einer Ereignissumme

Nachdem wir nun wissen, wie die Wahrscheinlichkeit eines Ereignisproduktes mit vielen Faktoren in das Produkt von Wahrscheinlichkeiten wohldefinierter Ereignisse zu zerlegen ist, wollen
wir uns erneut der Frage widmen: wie wird die Wahrscheinlichkeit
einer Ereignissumme bestimmt? Neben der allgemeinen Auflösung
mit bedingten Wahrscheinlichkeiten wenden wir uns den Fällen zu,
in denen die Summanden voneinander unabhängig sind. Später, in
den Abschnitten 4.5 und 4.6, greifen wir diese Frage erneut auf
und untersuchen spezielle Auflösungen, die uns die Bauform der
Ausdrücke anbietet. Weiter einschränkenden Voraussetzungen widmen wir uns schließlich im Abschnitt 4.8.

Wenden wir auf (2.34) an, was wir gerade über die Wahrscheinlichkeit von Ereignisprodukten gelernt haben, so erhalten wir:

$$P\left(\sum_{i=1}^{n} A_i\right) = \sum_{i=1}^{n} P(A_i) - \sum_{i=1}^{n-1} \sum_{j=i+1}^{n} P(A_i) P(A_j/A_i) + \qquad (2.41)$$

$$+ \sum_{i=1}^{n-2} \sum_{j=i+1}^{n-1} \sum_{k=j+1}^{n} P(A_i) P(A_j/A_i) P(A_k/A_i A_j) -$$

$$- + \ldots - (-1)^n P(A_1) P(A_2/A_1) \ldots P(A_n / \prod_{i=1}^{n-1} A_i).$$

Wenn die Summanden A_i voneinander unabhängig sind, oder genauer
vollständig unabhängig sind, dann dürfen wir die Bedingungen
fortlassen und gewöhnliche Wahrscheinlichkeiten notieren:

36

$$P\left(\sum_{i=1}^{n} A_i\right) = \sum_{i=1}^{n} P(A_i) - \sum_{i=1}^{n-1} \sum_{j=i+1}^{n} P(A_i)P(A_j) + \tag{2.42}$$

$$+ \sum_{i=1}^{n-2} \sum_{j=i+1}^{n-1} \sum_{k=j+1}^{n} P(A_i)P(A_j)P(A_k) -$$

$$- + \ldots - (-1)^n \prod_{i=1}^{n} P(A_i).$$

Diese Rechenvorschrift sieht mit ihren nach wie vor 2^n-1 Summengliedern - ihre Anzahl ergibt sich analog zu Gleichung (2.27) -
immer noch kompliziert genug aus und bleibt lediglich für kleine
n praktisch ausführbar, auch wenn sie durch die Unabhängigkeit
der A_i schon ein wenig einfacher wurde; dies vor allem, weil sie
unmittelbar und direkt auf die Wahrscheinlichkeiten der beteiligten Summanden zurückgreift.

An dieser Stelle lohnt es jedoch, sich auf ursprüngliche Formulierungen zu besinnen. Wir gehen aus von den zwei Summanden
in (2.33) und setzen statt A den Summanden A_n ein und für B die
Restsumme über n-1 Glieder.

$$P\left(\sum_{i=1}^{n-1} A_i + A_n\right) = P(A_n) + P\left(\sum_{i=1}^{n-1} A_i\right) - P(A_n)P\left(\sum_{i=1}^{n-1} A_i / A_n\right).$$

Sofern nun A_n von allen anderen Summanden unabhängig ist, entfällt die Bedingung und wir haben die verbleibende Summe in der
Anzahl ihrer Glieder um eines vermindert, wir haben A_n aus der
Vorschrift herausgelöst; damit halbiert sich wegen der Potenzregel die Anzahl der Wahrscheinlichkeitssummanden. Zählen wir
auch die Multiplikationen, dann leistet nun mehr als die halbe
Arbeit je eine Addition und eine Subtraktion, verbunden mit
einer einzigen Multiplikation für die notwendige Korrektur.

Indem wir den Vorgang wiederholen und weitere von den anderen
unabhängige Summanden herauslösen, gelangen wir zu der rekursiven Rechenvorschrift für vollständig voneinander unabhängige
Summanden:

$$x_1 = P(A_1), \qquad\qquad\qquad (2.43)$$

$$x_i = x_{i-1} + P(A_i) - x_{i-1}P(A_i), \quad \text{für } i = 2, 3, 4, \ldots, n.$$

Das gewünschte Ergebnis steht in x_n. Der Fortschritt, den wir so erzielten, ihn bedeutend zu nennen, das ist fast untertrieben. An die Stelle eines exponentiellen ein lineares Wachstumsgesetz einzuführen, das macht die Aufgabe überhaupt erst rechenbar. Auch hinsichtlich der Genauigkeit in der numerischen Rechnung haben wir Gewinne erzielt, weil die Vielzahl der Differenzen aus Werten annähernd gleicher Größe sich ebenso vermindert.

Für einen besonderen Fall können wir die vorletzte Vorschrift noch auf andere Weise auswerten, wenn alle Wahrscheinlichkeiten einander gleich sind, wenn

$$P(A_i) = p, \quad \text{für alle } i.$$

Die Glieder der Teilsummen in (2.42) sind dann einander gleich; ihre Anzahl geben wir mit Binomialkoeffizienten an und erhalten so:

$$P\left(\sum_{i=1}^{n} A_i\right) = - \sum_{i=1}^{n} (-1)^i \binom{n}{i} p^i = 1 - (1 - p)^n, \qquad (2.44)$$

eine Anweisung, die sich ohne sonderliche Mühe befolgen läßt. Für kleine p liefert allerdings die rekursive Vorschrift (2.43) genauere Ergebnisse in der numerischen Rechnung.

Die bislang vorgestellten Regeln geben uns das notwendige Werkzeug in die Hand, um Wahrscheinlichkeiten algebraischer Ereignisausdrücke auf die reelle Rechnung mit Wahrscheinlichkeiten einzelner, wohl definierter Ereignisse zurückzuführen. Mit diesen Hilfsmitteln versehen, können wir uns an die Behandlung einfacher Strukturen heranwagen.

2.7 Zum Üben

1) Formen Sie die Ereignisse

   a) $(A + \bar{B})(A + B)\overline{(A\bar{B})}(AB)$ und

   b) $(\bar{A} + B)\ \overline{\bar{A}\bar{B}\ \bar{A}B}$

   so um, daß ein möglichst einfacher Ausdruck entsteht.

2) Zwei Ereignisse (A, B) sind miteinander unvereinbar. Sind sie voneinander abhängig oder sind sie unabhängig? Begründen Sie Ihre Antwort.

3) Zwei Ereignisse (A, B) sind voneinander statistisch unabhängig. Können oder müssen sie miteinander vereinbar oder unververeinbar sein? Begründen Sie Ihre Antwort.

4) Zeigen Sie, daß $P(\bar{A}/B) = 1 - P(A/B)$ gilt.

5) Gegeben sind $P(B)$, $P(A/B)$ und $P(B/A)$. Bestimmen Sie $P(A)$.

6) Als Hersteller eines Massenartikels (Glühlampen, Schrauben oder dergleichen) wollen Sie einen Großauftrag abschließen, der ihre restlichen Kapazitäten voll auslastet. Ihr Verhandlungspartner verlangt die Garantie, daß im Mittel höchstens jedes millionste Teil eine verlangte Eigenschaft (Einhaltung einer Längen- oder Gewichtstoleranz, Lebensdauer oder Zuverlässigkeit) nicht aufweist. Sie können das Produkt auf drei Anlagen unterschiedlichen Alters fertigen. Die jüngste, sie ist auch die schnellste und genaueste, läßt sich für die Hälfte des Auftrages einsetzen; ihre Teile "versagen" mit der Wahrscheinlichkeit $q_1 = 8 \cdot 10^{-7}$. Die beiden älteren Anlagen übernehmen die restlichen 30% und 20% des Auftrages mit den Wahrscheinlichkeiten des "Versagens" von $q_2 = 1,1 \cdot 10^{-6}$ sowie $q_3 = 1,3 \cdot 10^{-6}$. Dürfen Sie den Auftrag annehmen? (Im konkreten Fall wäre zusätzlich zu prüfen, ob der Verhandlungspartner bereit ist, sortierte Ware besser zu honorieren).

3 Einfache Anordnungen

3.1 Einführendes

Bisher haben wir uns mit der Wahrscheinlichkeitsrechnung befaßt,
wobei die Beispiele in der Regel den Umgang mit dem gewöhnlichen
Würfel behandelten. Wenn wir nun Wahrscheinlichkeiten berechnen
wollen, um mit ihrer Hilfe die Zuverlässigkeit technischer Systeme im Sinne der amerikanischen "reliability" zu bestimmen,
dann müssen wir uns zunächst über die Ereignisse klar werden,
deren Wahrscheinlichkeiten wir berechnen wollen.

In der ersten, einfachsten Betrachtungsweise unterscheidet man
zwischen zwei Zuständen der Bauteile, auch Komponenten genannt,
oder der Systeme: Sie sind entweder funktionsfähig oder sie sind
ausgefallen. Diese Zustände fassen wir als Ereignisse auf, die
sich gegenseitig ausschließen; das eine Ereignis ist die Negation des anderen und die Wahrscheinlichkeiten für Funktionsfähigkeit und Ausfall ergänzen sich zu Eins. Dieser Zusammenhang
erlaubt es uns, die Zuverlässigkeit einmal unmittelbar als Wahrscheinlichkeit des arbeitsfähigen Zustandes zu berechnen und zum
anderen über die Ausfallwahrscheinlichkeit. Wir merkten bereits
früher an und wiederholen nun ausdrücklich: die Ausfallwahrscheinlichkeit ist in aller Regel weitaus kleiner als die Zuverlässigkeit; wir werden uns deswegen im Rahmen der praktischen
Berechnungen stets auf Ausfallwahrscheinlichkeiten stützen, um
den Verlust an Genauigkeit bei begrenzter Stellenzahl möglichst
klein zu halten. Alle fünf mitgeführten Stellen hat $0,15742 \cdot 10^{-3}$
in der Mantisse für signifikante Ziffern zur Verfügung; sein
Einerkomplement $0,99984$ mit ebenfalls fünf Stellen läßt von
ihnen allenfalls die beiden ersten erkennen.

In verfeinerten Überlegungen kann man auch eine größere Anzahl
von Ereignissen festlegen, die beispielsweise bei einem Ventil
zu den Zuständen gehören: "es arbeitet fehlerfrei", "es läßt
sich nicht schließen" und "es läßt sich nicht öffnen".

Die Arbeitsfähigkeit eines Systems hängt in mehr oder weniger komplizierter Weise davon ab, ob seine Einzelteile ihren Auftrag fehlerfrei erfüllen oder ob sie einzeln oder in Gruppen versagen. Eine klare Vorstellung muß während des Entwickelns und Konstruierens vorhanden sein über die Aufgaben der Bauteile wie auch über die Folgen, die ein Ausfall nach sich zieht, oder wie mehrfaches Versagen sich auswirkt. Es geht nun darum, dieses Wissen zu formalisieren, um die Zusammenhänge genauer erkennen zu können. Wir verwenden dazu die Verknüpfungsoperationen "und" und "oder", in einigen Fällen tritt zusätzlich die Negation "nicht" hinzu; wir kennen sie bereits aus der Ereignisalgebra. So vermittelt ein algebraischer Ausdruck die logische Funktionsstruktur des untersuchten Systems, die wir auch eine Anordnung (von Teilfunktionen, Komponenten oder Bauteilen) nennen werden. Um nicht nur mit Formeln umgehen zu müssen, gibt es eine Reihe von graphischen Darstellungen, die ebenfalls die Funktionsstruktur wiedergeben. Wir werden im folgenden

> das (Zuverlässigkeits-) Blockdiagramm,
> den Zuverlässigkeitsgraphen,
> die logische Schaltung für Funktionsfähigkeit (Erfolgsbaum)
> und die logische Schaltung für den Ausfall (Fehlerbaum)

anwenden.

3.2 Reihenanordnung

3.2.1 Begriff und Formen der Darstellung

Zergliedert man die Aufgabe einer Anlage oder eines Gerätes in Teilfunktionen, so wird man in vielen Fällen erwarten, daß eine jede ihren Auftrag fehlerfrei erfüllen muß, um die Arbeitsfähigkeit insgesamt zu gewährleisten. Eine nach der anderen aufgeführt, bilden diese Segmente eine Reihenanordnung. Derartiges Verhalten meint die Redeweise: Eine Kette ist allenfalls so stark wie ihr schwächstes Glied. Dementsprechend führt Abb.18 vor den allgemeinen graphischen Darstellungen für Reihenanord-

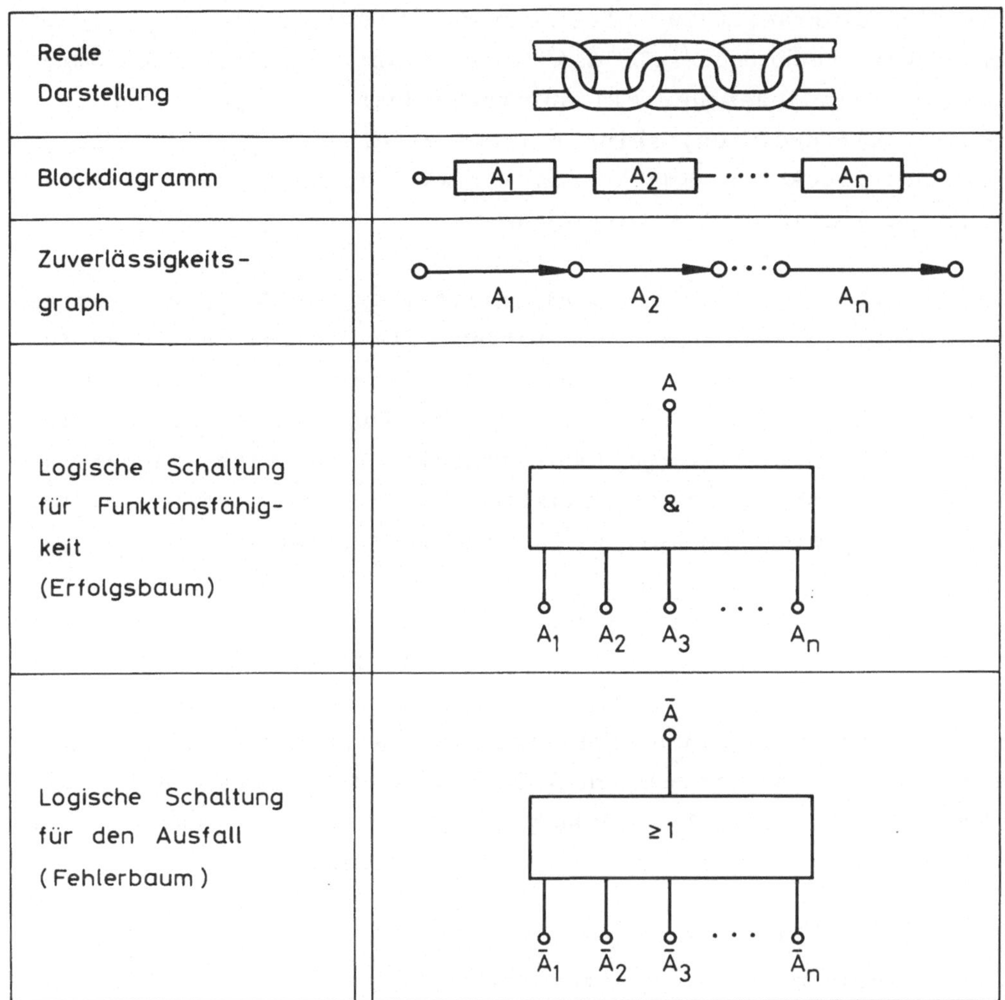

Abb.18

nungen als einfachstes Beispiel die Zeichnung einer Kette an:
sie versagt, wenn auch nur ein Glied reißt. Dieser Sachverhalt
scheint beim ersten Hinsehen der technisch übliche zu sein; nur
die Komponenten sind vorhanden, die der Funktionszweck unumgänglich erfordert. Sehen wir auf die Sicherheitszuschläge bei der
Auslegung einer Konstruktion oder beispielsweise das 'fünfte Rad
am Wagen', das Reserverad; sie zeigen uns, daß wir nicht immer
nur die Ausstattung vorfinden, die lediglich den gerade eben
notwendigen Anforderungen genügt, daß es neben der Reihenanordnung noch andere Strukturen gibt.

Das Blockdiagramm meint allgemeiner das, was die Kette im besonderen Fall bedeutet: soll das System seiner Funktion nachkommen,
dann muß ein jedes der als unterscheidbar vorausgesetzten Teile
(oder Teilfunktionen) seine Aufgabe erfüllen. Die Darstellungsform des Blockdiagramms können wir wählen, wenn Funktionszusammenhänge einfacher Art vorliegen.

Der Zuverlässigkeitsgraph geht unmittelbar aus dem Blockdiagramm
hervor. Die Kreise nennt man Knoten, die Verbindungslinien Kanten; mit Pfeilen versehen heißen sie gerichtete Kanten. In der
Regel vertritt eine Kante jeweils die Funktion eines Bauteils.
Ein Zuverlässigkeitsgraph kann spezielle Strukturen knapper darstellen, deren Richtungsabhängigkeit das einfache Blockdiagramm
nicht unmittelbar so kurz wiederzugeben vermag.

Bei den logischen Schaltungen haben wir schließlich zwei Fälle
zu unterscheiden, die auf zwei unterschiedliche Berechnungsarten führen. Die erste geht davon aus, daß die Reihenanordnung
nur dann ihren Aufgaben nachkommt, wenn alle Bauteile in Ordnung
sind. Das Operationszeichen & in dem Gatter besagt: alle 'Eingänge' A_1, A_2, ..., A_n, verknüpft durch 'und', bilden den 'Ausgang' A. Die Schaltung steht für die Gleichung:

$$A = A_1 A_2 A_3 \ldots A_n.$$

Der Fehlerbaum in der zweiten Darstellung bedeutet, daß die Anordnung ausfällt, sofern auch nur eines der Bauteile versagt.
Das Symbol '≥ 1' in dem Gatter stellt fest: 'wenigstens eines der
Ereignisse $\bar{A}_1$, $\bar{A}_2$, ..., $\bar{A}_n$' ruft $\bar{A}$ hervor; diese Schaltung vertritt also die Gleichung:

$$\bar{A} = \bar{A}_1 + \bar{A}_2 + \ldots + \bar{A}_n.$$

Die beiden Darstellungen gehen nach dem Theorem von de Morgan
ineinander über.

Wir übernehmen die Sinnbilder für logische Gatter den neuen Vorschriften nach DIN 40 700, Teil 14 (Schaltzeichen für digitale
Informationsverarbeitung) wie DIN 25 424 (Fehlerbaumanalyse) mit

dem Symbol '$\geq$' aus DIN 1302. Früher waren Halbkreise über ihrem waagerechten Durchmesser üblich. Beim 'und'-Gatter führten die 'Eingänge' bis zu dieser Grund-Linie; nur wenn alle zutreffen, können sie die Barriere überwinden und den 'Ausgang' ebenso kennzeichnen. Beim 'oder'-Gatter setzten sich die Leitungen darüber hinaus fort, bis zum Halbkreis; sie deuten an, daß jeder zutreffende 'Eingang' seine Eigenschaft auf den 'Ausgang' überträgt. Damit das Sinnbild bei zahlreichen Eingängen nicht zu groß ausfiel, durfte man es aus der Mitte heraus verbreitern.

Die logische Schaltung für den Ausfall nennt man auch Fehlerbaum. Hier sei bereits darauf hingewiesen, daß im Rahmen von Zuverlässigkeitsbetrachtungen die Bezeichnung Baum nicht stets mit der Festlegung in der Graphentheorie übereinstimmt; auf den Begriff Fehlerbaum und seine Abgrenzung zur Graphentheorie geht Abschnitt 4.9 ein. Die Schaltung für die Funktionsfähigkeit kann man in analoger Weise den Erfolgsbaum nennen.

3.2.2   Zuverlässigkeit

Die Reihenanordnung erfüllt dann ihre Aufgabe (A), wenn die Komponenten A_1 'und' A_2 'und' ... 'und' A_n fehlerfrei arbeiten. Die Aussage übersetzen wir ohne Schwierigkeiten in die Sprache der Wahrscheinlichkeitsrechnung. Die Zuverlässigkeit, also die Wahrscheinlichkeit für fehlerfreies Arbeiten der Anordnung ist:

$$P_R = P(A) = P(A_1 A_2 \ldots A_n) = P\left(\prod_{i=1}^{n} A_i\right) \qquad (3.01)$$

$$= P(A_1) P(A_2/A_1) P(A_3/A_1 A_2) \ldots P\left(A_n / \prod_{i=1}^{n-1} A_i\right).$$

Die Zuverlässigkeit von Anordnungen bezeichnen wir in den Formeln mit dem Buchstaben P (für probability) und dem Index R (für reliability); damit erklären wir ausdrücklich die im anglo-amerikanischen Schrifttum übliche Definition von 'reliability' zur Grundlage unserer Untersuchungen.

44

Wir schränken den allgemeinen Ansatz nun ein und nehmen an, die Einheiten A_i seien in ihrem Verhalten voneinander unabhängig. Falls eine der Komponenten in einen anderen Zustand wechselt, behalten die übrigen ihre Zuverlässigkeit unverändert bei, wie auch ihre Ausfallwahrscheinlichkeit. Dann können wir auf die Bedingungen verzichten und erhalten:

$$P_R = P(A) = P(A_1)P(A_2)\ldots P(A_n) = \prod_{i=1}^{n} P(A_i). \qquad (3.02)$$

Handelt es sich schließlich um gleiche Bauteile, die wir als gleich ansehen, falls ihre Zuverlässigkeitsdaten übereinstimmen, sofern also $P(A_i)=p$ für alle i, dann gilt:

$$P_R = P(A) = p^n. \qquad (3.03)$$

3.2.3 Ausfallwahrscheinlichkeit

Die Reihenanordnung erfüllt ihre Aufgabe nicht, wenn das erste Bauteil ausfällt ($\bar{A}_1$) 'oder' wenn das zweite Bauteil ausfällt ($\bar{A}_2$) 'oder' ... 'oder' wenn das letzte Bauteil ausfällt ($\bar{A}_n$). Diese Aussage führt auf:

$$P_F = 1 - P_R = P(\bar{A}) = P(\bar{A}_1 + \bar{A}_2 + \ldots + \bar{A}_n) = P(\sum_{i=1}^{n} \bar{A}_i). \qquad (3.04)$$

Die Ausfallwahrscheinlichkeit bezeichnen wir ebenfalls mit dem Buchstaben P, weil es sich um eine Wahrscheinlichkeit handelt; der unterscheidende Index F steht für 'Fehler' oder 'failure'. Die Ereignissumme erfordert ein Zerlegen nach (2.34):

$$P_F = \sum_{i=1}^{n} P(\bar{A}_i) - \sum_{i=1}^{n-1} \sum_{j=i+1}^{n} P(\bar{A}_i \bar{A}_j) + \qquad (3.05)$$

$$+ \sum_{i=1}^{n-2} \sum_{j=i+1}^{n-1} \sum_{k=j+1}^{n} P(\bar{A}_i \bar{A}_j \bar{A}_k) - + \ldots -(-1)^n P(\prod_{i=1}^{n} \bar{A}_i).$$

Mit bedingten Wahrscheinlichkeiten erhalten wir:

$$P_F = \sum_{i=1}^{n} P(\bar{A}_i) - \sum_{i=1}^{n-1} \sum_{j=i+1}^{n} P(\bar{A}_i)P(\bar{A}_j/\bar{A}_i) + \qquad (3.06)$$

$$+ \sum_{i=1}^{n-2} \sum_{j=i+1}^{n-1} \sum_{k=j+1}^{n} P(\bar{A}_i)P(\bar{A}_j/\bar{A}_i)P(\bar{A}_k/\bar{A}_i\bar{A}_j) -$$

$$- + \ldots - (-1)^n P(\bar{A}_1)P(\bar{A}_2/\bar{A}_1)\ldots P(\bar{A}_n/ \prod_{i=1}^{n-1}\bar{A}_i).$$

Fallen die Bauteile voneinander unabhängig aus, dann kommt den
Bedingungen keine Bedeutung zu; die Komponenten erfüllen, was
die Rekursionsformel (2.43) voraussetzt. Aus der Vorschrift

$$x_1 = P(\bar{A}_1), \qquad (3.07)$$

$$x_i = x_{i-1} + P(\bar{A}_i) - x_{i-1}P(\bar{A}_i), \quad \text{für } i = 2, 3, 4, \ldots, n,$$

erhalten wir mit x_n den gesuchten Wert P_F.

Wenn alle Bauteile mit gleicher Wahrscheinlichkeit ausfallen,
$P(\bar{A}_i)=q$ für alle i, dann gilt nach (2.44), allerdings mit verminderter numerischer Genauigkeit:

$$P_F = 1 - P_R = 1 - (1 - q)^n. \qquad (3.08)$$

Da nun p=1-q ist, haben wir mit diesem Ergebnis die zuvor durch-
geführte Berechnung der Zuverlässigkeit einer Reihenanordnung
mit gleichen, voneinander unabhängigen Bauteilen bestätigt.

3.2.4 Funktionsverlauf

Was sagen nun die Formeln aus, die wir für Zuverlässigkeit und
Ausfallwahrscheinlichkeit abgeleitet haben? Eine gewisse Übersicht vermitteln am ehesten die einfachen Beziehungen für unabhängige Bauteile mit gleicher Zuverlässigkeit; für sie gelten
die Potenzgesetze (3.03) und (3.08). Anders als bisher finden
wir statt der Basis Zwei nun eine Zahl, die zwischen Null und

46

Eins liegt. Zuverlässigkeit P_R wie auch Ausfallwahrscheinlichkeit P_F der Reihenanordnung, sie beide hängen demnach ab von den
entsprechenden Werten p oder q der Komponenten und zusätzlich in
ganz entscheidendem Maße von deren Anzahl n.

Abb.19 zeigt links und unten Skalen für die Zuverlässigkeiten
der Anordnung wie der Bauteile in linearem Maßstab; n tritt als
Parameter auf und nimmt der Reihe nach die Werte von 1 über 2,
3, 5 und 10 bis zu 20 an. Je stär-
ker nun n anwächst, um so ausge-
prägter bleibt die Zuverlässigkeit
der Reihenanordnung hinter der ihrer Komponenten zurück. Halten wir
eine bestimmte Bauteilzuverlässig-
keit fest, wie etwa 0,9: die Zuverlässigkeit der Anordnung fällt
dann mit wachsender Zahl der Komponenten und nimmt für n=20, rund
gerechnet, den Wert 0,12 an. Das
Ergebnis kann kaum begeistern; im
Mittel erfüllen von hundert solcher Anordnungen lediglich zwölf

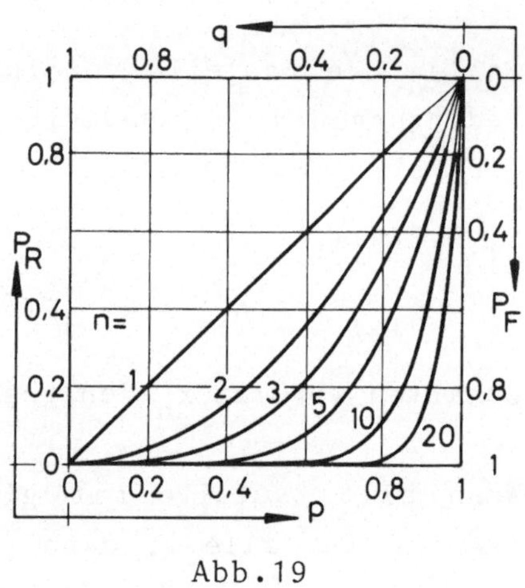

Abb.19

ihren Auftrag wie vorgesehen. Fordern wir andersherum eine untere Gesamtzuverlässigkeit, sagen wir wieder 0,9, dann benötigen
wir Bauteile mit immer höherer Zuverlässigkeit; für n=20 müssen
wir eine Einzelzuverlässigkeit von 0,994746 verlangen.

Wegen der begrenzten Stellenzahl wollten wir unsere Rechnung
möglichst auf Ausfallwahrscheinlichkeiten stützen. Das letzte
Zahlenbeispiel deutet auf einen weiteren Grund: hohe Zuverlässigkeiten mit vielen führenden Neunen lassen sich schlecht abschätzen und miteinander vergleichen; es fördert die Übersicht,
wenn wir statt der Zuverlässigkeit 0,994746 die Ausfallwahrscheinlichkeit $0{,}5254 \cdot 10^{-2}$ angeben. Da sich beide Werte zur Eins
ergänzen, können wir das Achsenkreuz für Ausfallwahrscheinlichkeiten rechts oben in Abb.19 einzeichnen und von dort aus beurteilen, wie sich Gleichung (3.08) verhält.

Im linearen Maßstab läßt sich der Verlauf der Funktionen im mittleren Bereich gut übersehen; kaum unterscheiden können wir sie an den Rändern und insbesondere bei kleinen Wahrscheinlichkeiten in den diagonal gegenüberliegenden Ecken, sei es Zuverlässigkeit oder Ausfallwahrscheinlichkeit. Die logarithmische Teilung der Zuverlässigkeiten für Anordnung wie für Bauteile führt auf Abb.20. Die Funktionen stellen sich nun als Geraden vor, wie wir es nach dem Potenzgesetz (3.03) zu erwarten hatten. Gut erkennen läßt sich das Verhalten bei kleinen Zuverlässigkeiten, während es nach wie vor mühsam bleibt, kleine Ausfallwahrscheinlichkeiten abzulesen und voneinander zu unterscheiden; in dieser Ecke, auf die wir gerade Wert legen, hier drängen sich die Kurven weiterhin eng aneinander.

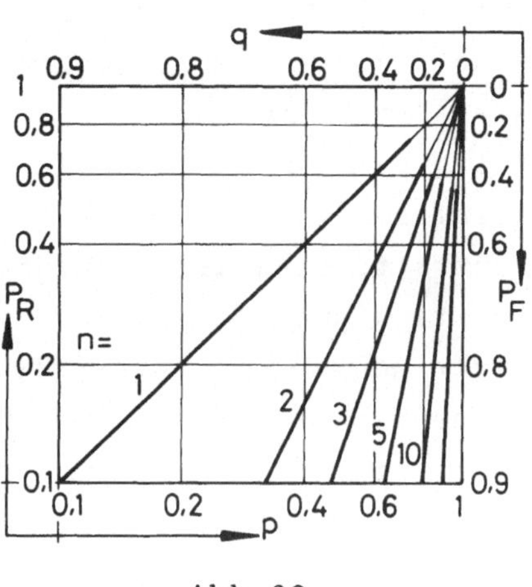

Abb.20

Genauere Einsicht wie Ablesemöglichkeit bleibt uns nach wie vor verwehrt.

Gehen wir hingegen davon aus, die Ausfallwahrscheinlichkeiten logarithmisch zu teilen, dann erhalten wir Abb.21. Natürlich verliert sich der gerade Linienverlauf. Dafür tauschen wir ein, daß sich die Kurven bei geringeren Ausfallwahrscheinlichkeiten auffächern; wir vermögen jetzt genauer abzulesen und zu unterscheiden. Darüber hinaus können wir die Darstellung beliebig fortsetzen und oben sowie rechts zu kleineren Ausfallwahrscheinlichkeiten erweitern. Hier reicht die Spanne einer Zehnerpotenz aus, um das grundsätzliche Verhalten zu zeigen.

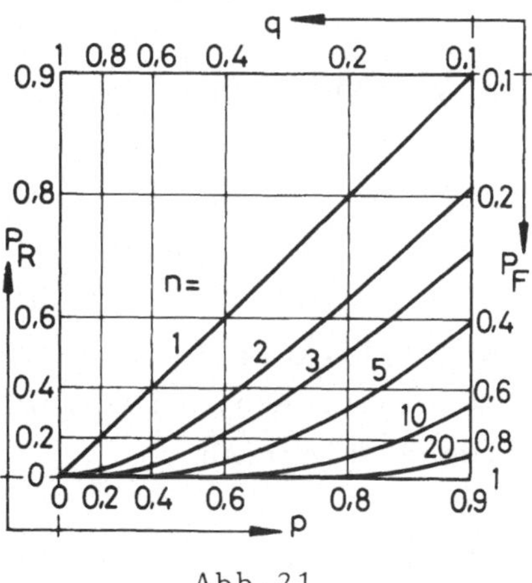

Abb.21

3.3 Parallelanordnung

3.3.1   Begriff und Formen der Darstellung

Die Parallelanordnung im Sinne der Zuverlässigkeitsbetrachtungen
setzt von vornherein ein oder mehrere zusätzliche Bauteile für
eine Aufgabe ein gegenüber dem einen unumgänglich notwendigen;
dies soll die Arbeitsfähigkeit der Anordnung sicherstellen,
falls eine der Komponenten - oder eine größere Anzahl - durch
zufallsbedingte Einflüsse versagt. Solange keinerlei Ausfall
eintritt, sind alle Bauteile bis auf eines für die beabsichtigte
Funktion überflüssig. Treibt man derart einen für den Idealfall
nicht unbedingt notwendigen Aufwand, um sich gegen zufällige
Pannen abzusichern, dann bezeichnen wir diese zusätzliche Ausstattung als Redundanz. Wir übernehmen damit einen Begriff aus
der Informationstheorie; er kennzeichnet dort eine Nachrichten-
übertragung, die mehr Symbole benutzt, als es der Informations-
gehalt einer Nachricht gerade eben erfordert. Redundanz ist
nötig, weil zufällige Störungen auf Übertragungskanälen, auch
Rauschen genannt, die übermittelte Nachricht verfälschen, so daß
man sie nicht mehr verstehen kann, oder auch so versteht, wie
sie nicht gemeint war.

Die gebräuchlichen Darstellungen für Parallelanordnungen führt
Abb.22 so auf, wie wir sie vorher für die Reihenanordnung wie-
dergegeben haben. Das reale Beispiel zeigt ein Seil. Es soll
die Last tragen, ohne zu zerreißen, wenn wenigstens ein Strang
hält; für die Mehrzahl der praktischen Fälle ist es sicherlich
eine übertriebene Forderung, einen Sicherheitsfaktor derartiger
Höhe vorzusehen; eine realistische Einschätzung für mäßige An-
sprüche bringt Abschnitt 3.6.

Im Blockdiagramm deuten die parallelen Blöcke an, daß eines der
wieder als unterscheidbar vorausgesetzten Bauteile A_i ausreicht,
um die gestellte Aufgabe sicher zu erfüllen; erst wenn alle Komponenten versagen, fällt auch die Anordnung aus.

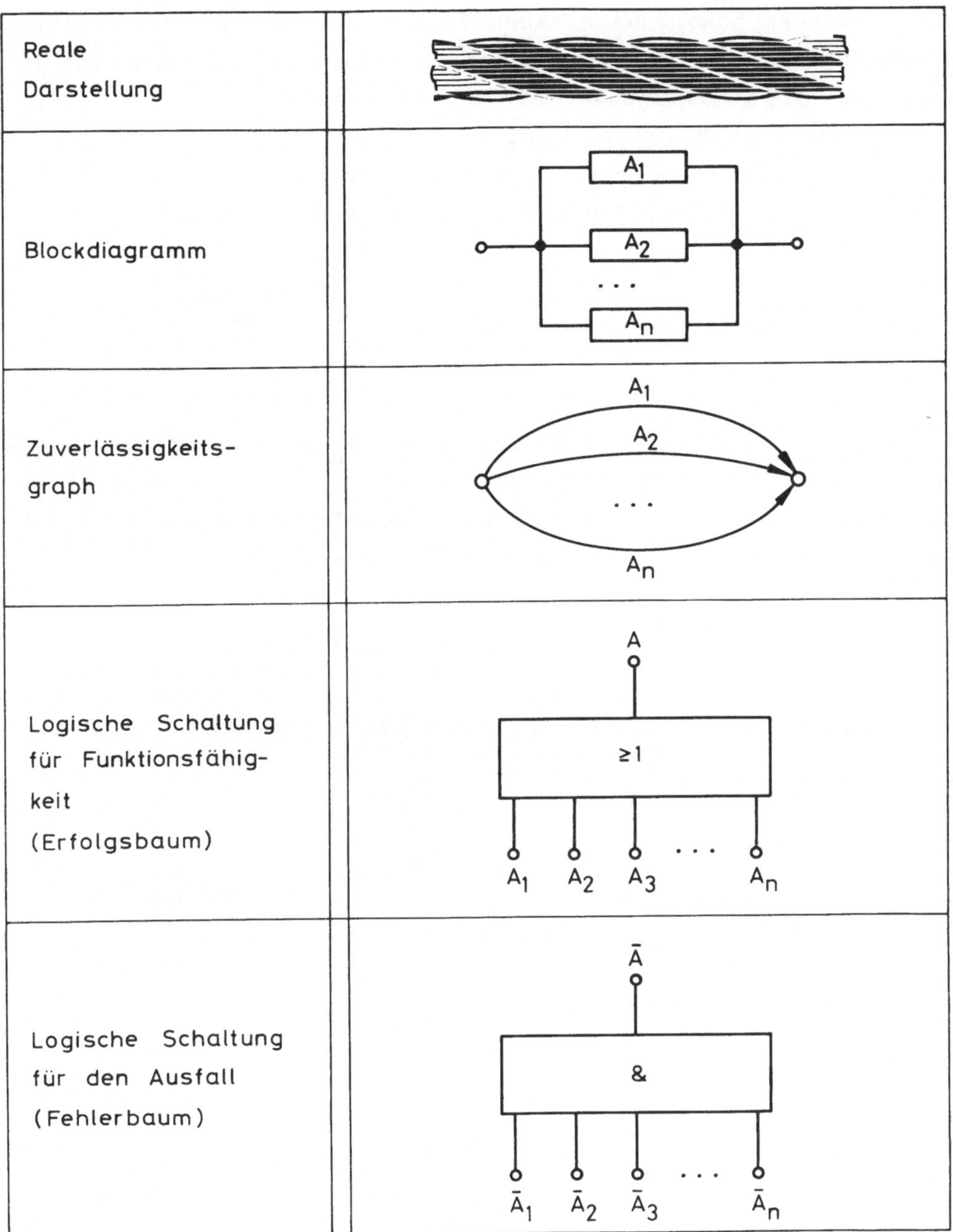

Abb.22

Der Zuverlässigkeitsgraph geht wie bei der Reihenanordnung unmittelbar aus dem Blockdiagramm hervor und steht für dieselbe
Aussage; jede Kante vertritt wieder eine Komponente.

50

Die logischen Schaltungen sehen fast so aus wie bei der Reihenanordnung; nur die Operationssymbole müssen wir vertauschen: für
das 'und' tritt das 'oder' ein und umgekehrt. Beide Darstellungen vertreten wie vorher Gleichungen der Ereignisalgebra, nach
dem Theorem von de Morgan ineinander übergehend, die das Verhalten der Anordnung aus dem ihrer Komponenten herleiten.

3.3.2   Zuverlässigkeit

Die Parallelanordnung erfüllt dann ihren Auftrag (A), wenn ihre
Bauteile A_1 'oder' A_2 'oder' ... 'oder' A_n es tun. Diese Aussage
übersetzen wir wieder ohne Mühe in die Sprache der Wahrscheinlichkeitsrechnung. Die Zuverlässigkeit, also die Wahrscheinlichkeit für fehlerfreies Arbeiten der Anordnung ist:

$$P_R = P(A) = P(A_1 + A_2 + \ldots + A_n) = P\left(\sum_{i=1}^{n} A_i\right). \qquad (3.09)$$

Die Ereignissumme fordert auf, sie nach (2.34) zu zerlegen:

$$P_R = \sum_{i=1}^{n} P(A_i) - \sum_{i=1}^{n-1} \sum_{j=i+1}^{n} P(A_i A_j) + \qquad (3.10)$$

$$+ \sum_{i=1}^{n-2} \sum_{j=i+1}^{n-1} \sum_{k=j+1}^{n} P(A_i A_j A_k) - + \ldots - (-1)^n P\left(\prod_{i=1}^{n} A_i\right).$$

Die Wahrscheinlichkeiten der Produkte führen auf bedingte Wahrscheinlichkeiten:

$$P_R = \sum_{i=1}^{n} P(A_i) - \sum_{i=1}^{n-1} \sum_{j=i+1}^{n} P(A_i) P(A_j/A_i) + \qquad (3.11)$$

$$+ \sum_{i=1}^{n-2} \sum_{j=i+1}^{n-1} \sum_{k=j+1}^{n} P(A_i) P(A_j/A_i) P(A_k/A_i A_j) -$$

$$- + \ldots - (-1)^n P(A_1) P(A_2/A_1) \ldots P\left(A_n / \prod_{i=1}^{n-1} A_i\right).$$

Liegen keine Abhängigkeiten vor, dann dürfen wir wieder die Rekursionsgleichung notieren:

$$x_1 = P(A_1),\qquad\qquad\qquad (3.12)$$

$$x_i = x_{i-1} + P(A_i) - x_{i-1}P(A_i), \quad \text{für } i = 2, 3, 4, \ldots, n,$$

und erhalten mit x_n den gesuchten Wert P_R.

Bei gleicher Zuverlässigkeit aller Bauteile, $P(A_i)=p$ für alle i, benutzen wir die Form:

$$P_R = 1 - (1 - p)^n. \qquad\qquad\qquad (3.13)$$

3.3.3 Ausfallwahrscheinlichkeit

Die Parallelanordnung versagt dann $(\bar{A})$, wenn alle Bauteile versagen, wenn $\bar{A}_1$ 'und' $\bar{A}_2$ 'und' $\ldots$ 'und' $\bar{A}_n$ eintritt. Nach (2.40) schreiben wir damit für die Ausfallwahrscheinlichkeit:

$$P_F = P(\bar{A}) = 1 - P_R = P(\bar{A}_1\bar{A}_2\ldots\bar{A}_n) = P\left(\prod_{i=1}^{n}\bar{A}_i\right) \qquad (3.14)$$

$$= P(\bar{A}_1)P(\bar{A}_2/\bar{A}_1)P(\bar{A}_3/\bar{A}_1\bar{A}_2)\ldots P\left(\bar{A}_n/\prod_{i=1}^{n-1}\bar{A}_i\right).$$

Wenn alle Einheiten in ihrem Ausfallverhalten voneinander unabhängig sind, verzichten wir auf die Bedingungen und erhalten:

$$P_F = P(\bar{A}) = P(\bar{A}_1)P(\bar{A}_2)\ldots P(\bar{A}_n) = \prod_{i=1}^{n} P(\bar{A}_i). \qquad (3.15)$$

Handelt es sich schließlich um gleiche Bauteile, deren Ausfallwahrscheinlichkeiten gleich sind, $P(\bar{A}_i)=q$ für alle i, dann finden wir die einfache Form:

$$P_F = P(\bar{A}) = q^n. \qquad\qquad\qquad (3.16)$$

Mit $q=1-p$ bestätigen wir wieder unser Ergebnis in (3.13).

52

3.3.4   Funktionsverlauf

Die Übersicht über das Verhalten der Funktionen verschaffen wir
uns in gleicher Weise wie bei der Reihenanordnung. Wir ziehen
nun die entsprechenden Potenzregeln (3.13) sowie (3.16) für Zuverlässigkeit und Ausfallwahrscheinlichkeit heran, die für unabhängige Komponenten mit unter sich gleichen Wahrscheinlichkeiten
gelten. Wie vorher bestimmen die Anzahl der Bauteile wie deren
Daten die Werte der Anordnung.

Eine lineare Teilung führt uns auf
Abb.23. Im Gegensatz zur Reihenanordnung drängen sich die Kurven
in die linke obere Ecke. Die Gesamtzuverlässigkeit steigt an, sobald die Anzahl der Teile wächst.
Oder anders: eine geforderte untere Grenze der Zuverlässigkeit können wir einerseits durch genügend
zuverlässige Komponenten einhalten
oder auch dadurch, daß wir ausreichend viele parallel anordnen, sofern das technisch möglich ist.

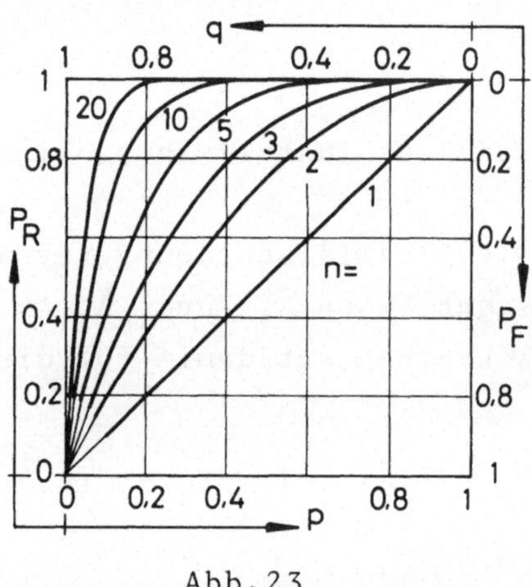

Abb.23

Mit logarithmischer Teilung in den
Ausfallwahrscheinlichkeiten erhalten wir die Abb.24. Die Funktionen
laufen nun als gerade Linien durch
das Netz. Insbesondere die für uns
wichtigen Werte der kleineren Ausfallwahrscheinlichkeiten lesen wir
wegen der spreizenden Verzerrung
ohne Mühe genauer ab als oben bei
linerarer Teilung. Bei Bedarf lassen sich die Kurven auch nach oben
und nach rechts fortsetzen.

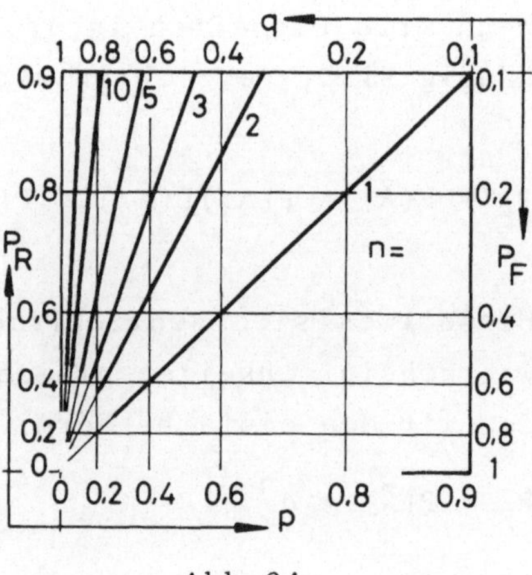

Abb.24

3.4 Kombinationen von Reihen- und Parallelanordnungen

3.4.1   Abgrenzen der Aufgabe

Die beiden bisher behandelten Grundstrukturen lassen sich in
vielfältiger Weise zu komplizierteren Anordnungen zusammensetzen. Umgekehrt können wir eine Vielzahl von Anordnungen berechnen, sofern sie sich in eine hierarchische Folge von Reihen-
und Parallelanordnungen aufgliedern.

Wenn wir die einfachen Formeln, wie Rekursion oder Potenzgesetz
anwenden wollen, dann haben wir zu beachten, was wir bisher eher
nebenbei anmerkten: jede individuelle Komponente darf nur einmal
in der gesamten Struktur auftreten. Bislang verstand sich das
nahezu von selbst, denn in den beiden Grundanordnungen hatte es
sowieso keinen Sinn, ein Bauteil mehrfach aufzuführen. Nun müssen wir scharf unterscheiden zwischen Strukturen, die eine jede
Komponente höchstens einmal nennen, und allen anderen; wie wir
grundsätzlich bei den anderen vorgehen, werden wir uns im folgenden Kapitel 4 überlegen, während wir einen besonderen Fall,
die "r aus n Anordnung", bereits im Abschnitt 3.6 aufgreifen.
Hier wenden wir uns zunächst einigen Beispielen zu, die wir aus
den einfachen Grundstrukturen zusammensetzen.

3.4.2   Parallelreihenanordnung

In zweifacher Sy-
stemredundanz si-
chern die beiden
Zweige in Abb.25
eine Aufgabe ab;
wir gehen von den
beiden Reihenan-

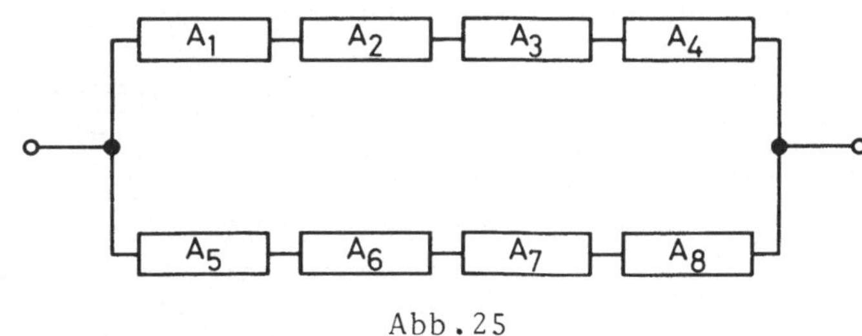

Abb.25

ordnungen aus, die ihrerseits parallel zueinander liegen. Diesem
Zerlegen tragen wir Rechnung, indem wir

$$B_1 = A_1 A_2 A_3 A_4 \quad \text{und} \quad B_2 = A_5 A_6 A_7 A_8$$

setzen und, diese Kurzzeichen nutzend, die Zuverlässigkeit mit

$$P_R = P(A) = P(B_1 + B_2) = P(A_1 A_2 A_3 A_4 + A_5 A_6 A_7 A_8)$$

bestimmen. Nach den bekannten Regeln erhalten wir zunächst den Ausdruck:

$$P_R = P(A_1 A_2 A_3 A_4) + P(A_5 A_6 A_7 A_8) - P(A_1 A_2 A_3 A_4 A_5 A_6 A_7 A_8),$$

den wir je nach der Abhängigkeit der Einheiten A_i mit bedingten Wahrscheinlichkeiten anschreiben und auswerten, oder wir notieren unmittelbar die Wahrscheinlichkeiten der Ereignisprodukte in Produkten der Wahrscheinlichkeiten aller Ereignisfaktoren. Bei höherer Anzahl der parallelen Zweige als im Beispiel werden wir die Rekursionsformel (2.43) anwenden.

Wir haben Formeln angegeben, die noch auf den allgemeinen Fall zutreffen. Sie leiten uns dann zu einfachen Vorschriften, auch für die Teilsysteme B_j, wenn die Komponenten weder in ihrem Verhalten voneinander abhängen noch mehrfach auftreten. Sollten jedoch zwei oder mehrere der aufgeführten A_i dasselbe Bauteil bezeichnen, dann hingen die B_j in besonderer Weise wechselseitig voneinander ab; in diesem Fall hätten wir die Ereignisse, deren Wahrscheinlichkeiten wir aufführten, nach den Regeln der Ereignisalgebra zu modifizieren.

3.4.3 Reihenparallelanordnung

Im Beispiel der Abb.26 mit Bauteilredundanz wenden wir uns zuerst den beiden parallelen Teilen zu. Mit den entsprechend gewählten Abkürzungen

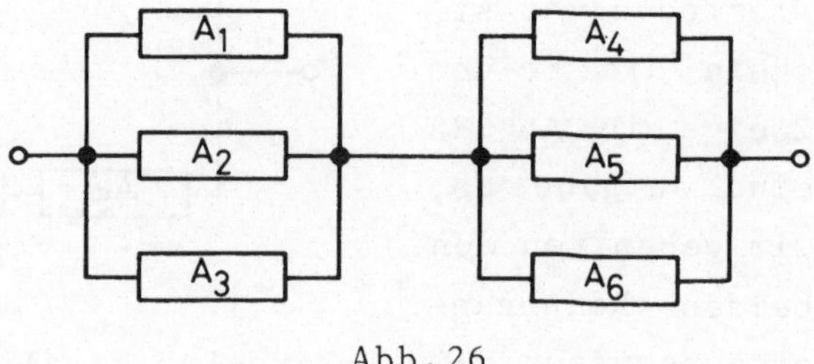

Abb.26

$$B_1 = A_1 + A_2 + A_3 \quad \text{sowie}$$

$$B_2 = A_4 + A_5 + A_6$$

erhalten wir für unsere Zuverlässigkeitsberechnung:

$$P_R = P(A) = P(B_1 B_2) = P[(A_1 + A_2 + A_3)(A_4 + A_5 + A_6)]$$

$$= P(A_1 A_4 + A_1 A_5 + A_1 A_6 + A_2 A_4 + A_2 A_5 + A_2 A_6 +$$

$$+ A_3 A_4 + A_3 A_5 + A_3 A_6).$$

An dieser Stelle ist dann zu untersuchen, ob Abhängigkeiten vorliegen oder nicht, ein jeweils geeignetes der uns bekannten Verfahren auszuwählen und zum weiteren Auswerten heranzuziehen.

3.4.4 Höhere Mischanordnungen

In vielfacher Zusam-
mensetzung derarti-
ger Bausteine erhal-
ten wir so in Abb.27
Anordnungen, die wir
in mehreren Stufen
auf die Komponenten
zurückführen. Mit den Abkürzungen

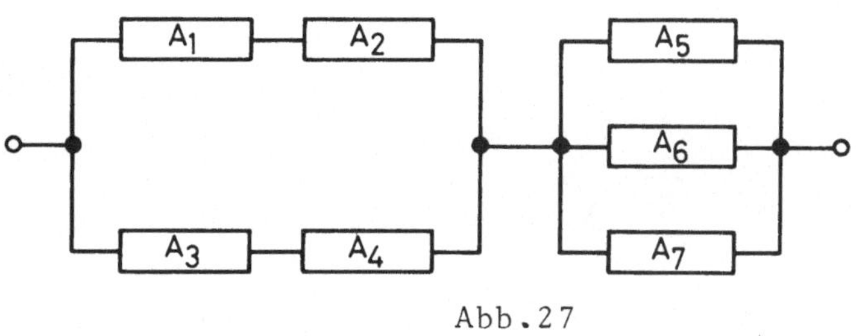

Abb.27

$$B_1 = A_1 A_2, \quad B_2 = A_3 A_4, \quad C_1 = B_1 + B_2 \quad \text{und} \quad C_2 = A_5 + A_6 + A_7$$

gewinnen wir die Formulierung:

$$P_R = P(A) = P(C_1 C_2) = P[(A_1 A_2 + A_3 A_4)(A_5 + A_6 + A_7)]$$

$$= P(A_1 A_2 A_5 + A_1 A_2 A_6 + A_1 A_2 A_7 + A_3 A_4 A_5 + A_3 A_4 A_6 + A_3 A_4 A_7),$$

die wir wie oben einer geeigneten Auswertung zuführen.

Wir überlassen dem interessierten Leser zur Übung die Aufgabe,
zu den angeführten Anordnungen auch Formulierungen für die Ausfallwahrscheinlichkeit herzuleiten.

3.5 Beispiel: Dampfdrucktopf

3.5.1   Was ist ein Dampfdrucktopf und wozu dient er?

Mit unseren bisherigen Überlegungen haben wir die Fähigkeit erworben, ein einfaches Beispiel anzugehen. Es handelt sich um einen Dampfdrucktopf nach den Anforderungen in DIN 66 065. Er geht auf D. Papin zurück, der im weiteren Verlauf seiner Untersuchungen das Prinzip der atmosphärischen Dampfmaschine entdeckte.

In einem abgeschlossenen Raum mit wenig Wasser wird im Dampf unter stärkerem Druck und bei höherer Temperatur gegart, als es im normalen, offenen Kochtopf möglich ist. Man sagt diesem Verfahren nach, wichtige Nährstoffe weitgehend zu schonen; für die Hausfrau hält das Gerät die angenehme Eigenschaft bereit, Zeit und Energie zu sparen, weil das Garen schneller erfolgt.

3.5.2   Die Komponenten und ihre Aufgaben

Das im Deckel eingebaute Ventilsystem nach Abb.28 soll verhindern, daß ein allzu hoher Innendruck den Topf zerreißt und seine Bruchstücke die Umgebung durchlöchern. Zwei konzentrische Kolben stützen sich über zwei gleichfalls konzentrische Schraubenfedern ab gegen das Dach einer hutförmigen Kunststoffkappe. Der innere Kolben, lediglich von seiner Feder gehalten, ist leicht beweglich und doch ausreichend abdichtend im äußeren geführt. Dieser wird von seiner Feder mit dem kugeligen Ende gegen eine trichterförmige Verengung gepreßt.

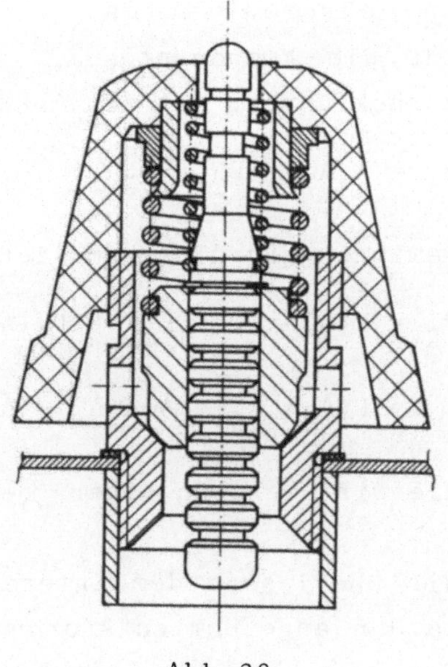

Abb.28

Auf Grund der Abmessungen und der Auslegung der Federn hebt sich im Normalfall nur der innere Kolben. In der Bedienungsanleitung schärft der Hersteller der Hausfrau ein, die Energiezufuhr zu drosseln oder abzuschalten, wenn die zweite Nut über der Kappe zu sehen ist. Das reicht aber nicht aus, wenn beispielsweise die Nachbarin klingelt und drei Eier oder einen Löffel Salz ausleihen will und sich bei dieser Gelegenheit ein Plausch an der Tür anspinnt.

Für solche Fälle hat der Hersteller den zweiten Kolben mit seiner Feder vorgesehen. Er hebt sich bei höherem Druck und öffnet zur Entlastung die Dichtlinie zwischen Kugelfläche und Kegelmantel. Der Dampf entweicht durch Bohrungen im Rohr und strömt nach mehrfacher Umlenkung unter der Kappe hervor.

Bei der Demontage zum Zwecke der Reinigung können die Federn etwas klemmen; leicht sind sie überdehnt, kaltverformt. Damit ändern sich die Materialeigenschaften, die Geometrie und mit ihnen die Federkraft. Schon reagieren die Kolben nur noch auf höhere Drücke.

Oder ein Kolben fällt auf die Erde, die Stoßstelle zeigt eine Delle; schon klemmt der Kolben und öffnet nicht, wie er soll. Schmutz, auch gröbere Teilchen können sich absetzen, die Kolben klemmen lassen oder einen Federgang blockieren.

Eine weitere Einrichtung nennt der Hersteller 'Aromaventil' (Abb.29). Ein Aluminiumbolzen, am oberen wie am unteren Ende kopfförmig verdickt, steckt in einem Gummiformteil. Zunächst läßt er neben seinem Schaft einen Spalt frei, durch den zu Beginn ein Gemisch aus Luft und Dampf strömt; wenn die Strömungsgeschwindigkeit wächst, hebt sich der Bolzen an und schließt den Ringspalt. Falls der Druck zu stark ansteigen sollte, so drängt sich der unten angebrachte Kopf

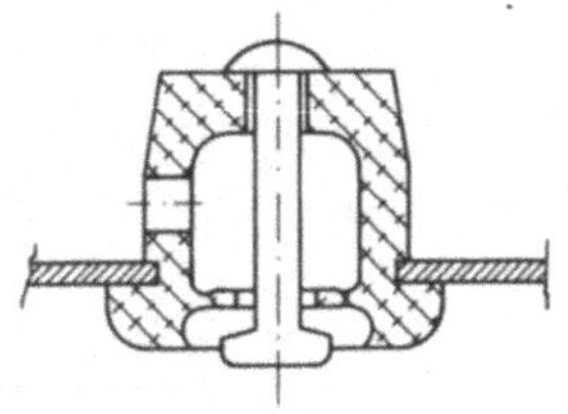

Abb.29

durch die Dichtlippe und öffnet wieder einen Weg, auf dem der überschüssige Dampf umgelenkt austreten kann. Diese allerletzte Sicherung geht nicht mehr wie die anderen selbsttätig in ihre normale Arbeitsstellung zurück.

3.5.3   Zuverlässigkeit

Wie bestimmen wir nun die Zuverlässigkeit, mit der der Dampfdruck innerhalb der zulässigen Grenzen bleibt? Diese Aufgabe spaltet sich in drei Teilfunktionen mit gleichem Auftrag (wenn wir von den unterschiedlichen Ansprechdrücken absehen). Also haben wir es mit einer Parallelanordnung zu tun, die sich zusammensetzt aus

A,   dem inneren Kolben mit seiner Feder und der Hausfrau, die den Topf rechtzeitig vom Feuer nimmt,

B,   dem äußeren Kolben mit seiner Feder und schließlich

C,   dem Gummiformteil mit seinem Bolzen.

Jede Teilfunktion ist in Frage gestellt, wenn auch nur eines ihrer 'Teile' in seiner Aufgabe versagt. Damit liegt für sie eine Reihenanordnung vor. Tabelle 3 stellt die Gruppierung der 'Teile' zu Teilsystemen, ihre Bezeichnungen und die besprochenen

Teil-system	'Teil'	ohne Fehler	ausge-fallen	Grund des Ausfalls
A	Kolben Feder Hausfrau	A_1 A_2 A_3	$\bar{A}_1$ $\bar{A}_2$ $\bar{A}_3$	verformt, Fremdkörper gestreckt, Fremdkörper abgelenkt
B	Kolben Feder	B_1 B_2	$\bar{B}_1$ $\bar{B}_2$	verformt, Fremdkörper gestreckt, Fremdkörper
C	Gummi Formteil	C	$\bar{C}$	verhärtet ohne Risse

Tabelle 3

Ausfallmöglichkeiten zusammen. Die nebenstehende Abb.30 zeigt das Blockdiagramm für die gestellte Aufgabe. Die Darstellung des Zuverlässigkeits-

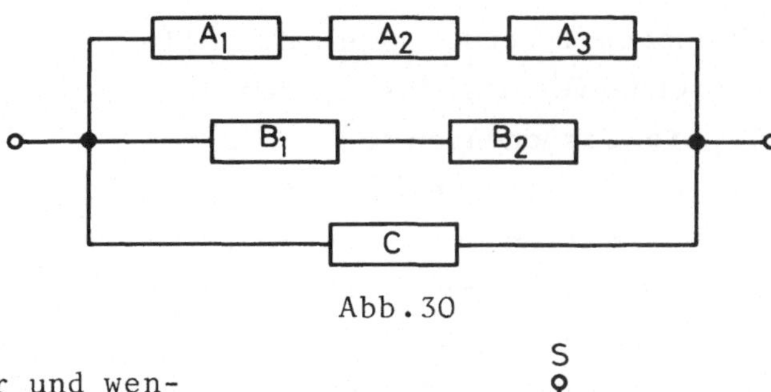

Abb.30

graphen überspringen wir und wenden uns in der folgenden Abb.31 der logischen Verknüpfung zu, die den Erfolg der gesamten Anordnung mit den uns bekannten Booleschen Schaltzeichen nachbildet. Die unten aufgeführten Einheiten A_i, B_i und C stehen für die Funktionsfähigkeit der jeweiligen Komponenten. Auf ein weiteres Aufspalten dieser Ereignisse verzichten wir hier.

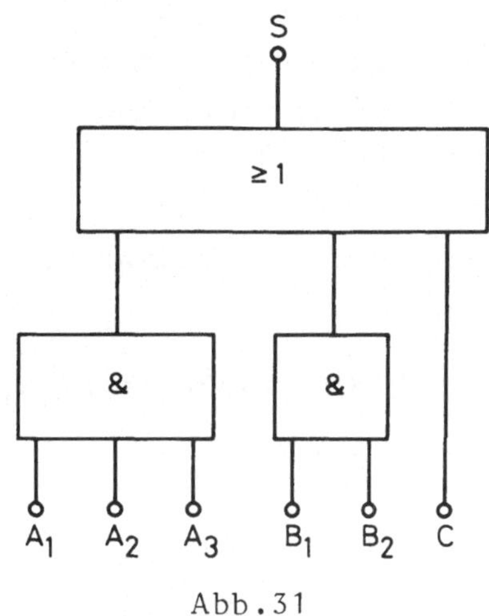

Abb.31

Nach dieser Vorbereitung wissen wir genug, um sofort die Zuverlässigkeit angeben zu können:

$$P_R = P(S) = P(A + B + C) = P(A_1A_2A_3 + B_1B_2 + C)$$

$$= P(A_1A_2A_3) + P(B_1B_2) + P(C) - P(A_1A_2A_3B_1B_2) -$$

$$- P(A_1A_2A_3C) - P(B_1B_2C) + P(A_1A_2A_3B_1B_2C).$$

Die Frage nach der gegenseitigen Abhängigkeit der Komponenten stellen wir noch für eine kurze Weile zurück.

3.5.4   Ausfallwahrscheinlichkeit

Auf das Gegenteil der Arbeitsfähigkeit wenden wir das Theorem von de Morgan an und gewinnen so, aus der letzten Darstellung abgeleitet, eine Wiedergabe des Mißerfolges als Fehlerbaum in

60

der nebenstehenden Abb.32. Alle
Bezeichnungen für das System oder
für die Komponenten tragen einen
Querstrich und die Gatter führen
jeweils vertauschte Operatorsymbole. Die Anordnung versagt, wenn
alle Teilsysteme zugleich ausfallen; diese arbeiten nicht wie erforderlich, wenn auch nur eines
ihrer Bauteile versagt. So erhalten wir für unseren Dampfdrucktopf die Ausfallwahrscheinlichkeit:

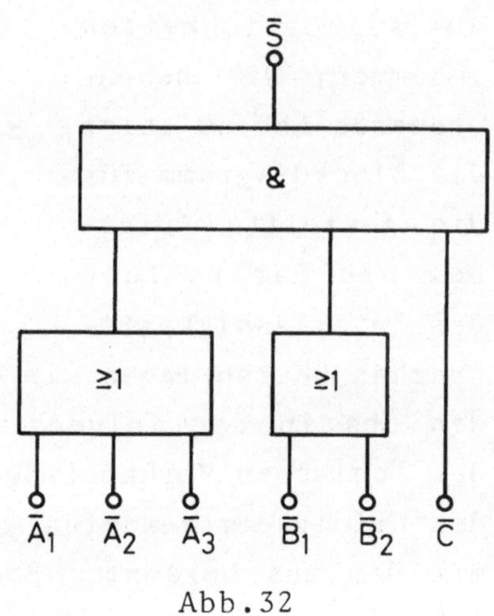

Abb.32

$$P_F = P(\bar{S}) = P(\bar{A}\bar{B}\bar{C}) = P[(\bar{A}_1 + \bar{A}_2 + \bar{A}_3)(\bar{B}_1 + \bar{B}_2)\bar{C}]$$

$$= P(\bar{A}_1\bar{B}_1\bar{C} + \bar{A}_1\bar{B}_2\bar{C} + \bar{A}_2\bar{B}_1\bar{C} + \bar{A}_2\bar{B}_2\bar{C} + \bar{A}_3\bar{B}_1\bar{C} + \bar{A}_3\bar{B}_2\bar{C}).$$

Bei den sechs gegebenen Ereignissummanden müssen wir mit $2^6-1=63$
Wahrscheinlichkeitssummanden rechnen. Glücklicherweise heben
sich zwei Drittel von ihnen gegenseitig auf, so daß wir den
immer noch genügend umfangreichen Ausdruck gewinnen:

$$P_F = P(\bar{A}_1\bar{B}_1\bar{C}) + P(\bar{A}_1\bar{B}_2\bar{C}) + P(\bar{A}_2\bar{B}_1\bar{C}) + P(\bar{A}_2\bar{B}_2\bar{C}) + P(\bar{A}_3\bar{B}_1\bar{C}) + P(\bar{A}_3\bar{B}_2\bar{C})$$

$$- P(\bar{A}_1\bar{A}_2\bar{B}_1\bar{C}) - P(\bar{A}_1\bar{A}_3\bar{B}_1\bar{C}) - P(\bar{A}_2\bar{A}_3\bar{B}_1\bar{C}) - P(\bar{A}_1\bar{A}_2\bar{B}_2\bar{C}) - P(\bar{A}_1\bar{A}_3\bar{B}_2\bar{C})$$

$$- P(\bar{A}_2\bar{A}_3\bar{B}_2\bar{C}) - P(\bar{A}_1\bar{B}_1\bar{B}_2\bar{C}) - P(\bar{A}_2\bar{B}_1\bar{B}_2\bar{C}) - P(\bar{A}_3\bar{B}_1\bar{B}_2\bar{C})$$

$$+ P(\bar{A}_1\bar{A}_2\bar{A}_3\bar{B}_1\bar{C}) + P(\bar{A}_1\bar{A}_2\bar{A}_3\bar{B}_2\bar{C}) + P(\bar{A}_1\bar{A}_2\bar{B}_1\bar{B}_2\bar{C}) + P(\bar{A}_1\bar{A}_3\bar{B}_1\bar{B}_2\bar{C})$$

$$+ P(\bar{A}_2\bar{A}_3\bar{B}_1\bar{B}_2\bar{C}) - P(\bar{A}_1\bar{A}_2\bar{A}_3\bar{B}_1\bar{B}_2\bar{C}).$$

3.5.5 Sind die Komponenten voneinander abhängig?

Die Umformung in bedingte Wahrscheinlichkeiten läßt sich offensichtlich leicht hinschreiben. Dürfen wir aber die Bedingungen
fortlassen? Um diese Frage im vorliegenden Fall zumindest für

einige Ausdrücke klar mit nein beantworten zu können, müssen wir uns die Zusammenhänge bei den Ausfallursachen vor Augen halten: wenn die eine Hausfrau bei der Demontage eine der Federn dehnt, dann ist gegenüber der vorsichtigen Hausfrau die Wahrscheinlichkeit sicherlich größer, daß sie auch die zweite Feder bei diesem Vorgang streckt. Folglich darf man die betreffenden Ereignisse nicht als unabhängig betrachten: weil dasselbe physikalische Prinzip bei ähnlicher konstruktiver Gestaltung angewandt wurde, kann eine gemeinsame Ursache beide Systeme in gleicher Weise beeinflussen. Als Folge stellt sich eine Minderung der Zuverlässigkeit ein. Für die anderen Ausfallmöglichkeiten der Kolben-Feder-Systeme können wir entsprechend argumentieren.

Wenn im Idealfall die Systeme sehr sorgfältig gewartet werden, kann man in den hergeleiteten Ausdrücken Unabhängigkeit annehmen. Den ärgsten Fall berücksichtigt man am ehesten dadurch, daß man das Teilsystem A aus der Betrachtung ausschließt. Zwischen diesen beiden Ansichten liegt der mittlere Fall, bei dem man zusätzlich die Wahrscheinlichkeiten einbringt, daß eine Hausfrau Federn dehnt, Dellen an den Kolben verursacht, Fremdkörper in die Systeme eindringen läßt oder nicht. Die Regel von der totalen Wahrscheinlichkeit eröffnet uns die Möglichkeit, diese Betrachtungsweise aufzunehmen. Eine konservative Abschätzung der Zuverlässigkeit, bei der man mit dem Schlimmsten rechnet, wird nur die Teilsysteme B und C berücksichtigen.

Im Gegensatz zur möglichen Abhängigkeit von A und B gibt es zwischen ihnen und der Vorrichtung C keine Beeinflussung. Verantwortlich dafür ist die Anwendung eines ganz anderen physikalischen Prinzips. Weder durch Schmutz noch durch unsachgemäße Behandlung kann das Gummiformteil seine Eigenschaften verlieren; allenfalls kann man Risse im Gummi erwarten, die zwar die Funktion des Dampftopfes beeinträchtigen, aber nicht zu dem katastrophalen Versagen der Drucküberwachung führen. Es kommt bei der Auslegung entscheidend darauf an, eine Gummisorte zu wählen, die im Alterungsprozeß eher Risse bildet, als sich in ihren elastischen Eigenschaften zu ändern.

62

3.5.6   Anordnung: eine logische Eigenschaft

Bevor wir uns neuen Dingen zuwenden, sollten wir an diesem Beispiel klären, daß allein die Frage nach der verlangten Aufgabe
die Art der Anordnung festlegt; die geometrisch und physikalisch
vorliegende Form und Gestalt stimmt damit nicht immer überein.
So erhalten wir im Gegensatz zu dem vorher erzielten Ergebnis
eine ganz andere qualitative Aussage, wenn die Hausfrau sich auf
dem Markt verspätet hat und mit dem neuen Problem nach Hause
eilt: "Wird der Topf mit der geringen Garzeit auskommen, werde
ich bei Überdruck kochen können, um das Essen rechtzeitig auf
den Tisch zu bringen?" Erforderlich ist dazu, daß alle Dichtungen schließen. Da wir oben in der Bezeichnung der Teilsysteme
die Eigenschaft 'rechtzeitiges Öffnen' ausdrückten, versehen wir
ihre Kurzzeichen nun mit einem Strich, um diese andere Aufgabe
zu erfassen, und fügen mit D' die Deckeldichtung in die Betrachtung ein. Das Ereignis 'alle Teilsysteme schließen ordnungsgemäß' bestimmt die Zuverlässigkeit, mit der sich der Überdruck
aufbaut, zu:

$$P_R = P(A'B'C'D');$$

für die Ausfallwahrscheinlichkeit erhalten wir

$$P_F = P(\bar{A}' + \bar{B}' + \bar{C}' + \bar{D}').$$

Wo vorher eine Parallelanordnung vorlag, fügen sich die Teilsysteme nun zu einer Reihenanordnung. Abgesehen von den ganz
anders zu bestimmenden Wahrscheinlichkeiten, schreiben wir der
Reihenanordnung wesensgemäß eine verminderte Zuverlässigkeit zu
im Vergleich mit ihren Komponenten, während die Parallelanordnung die Zuverlässigkeit grundsätzlich steigert. Im vorliegenden
Fall wurden die Anordnungsformen sicherlich sinnvoll zugeordnet:
Stellen wir die Folgen gegeneinander, die das Platzen des Topfes
verursacht oder die das verspätete Mittagessen nach sich zieht,
dann wollen wir die möglichen Verletzungen oder gar Schlimmeres
eher verhüten, also höhere Zuverlässigkeiten bereitstellen, als
auf pünktliche Mahlzeiten Wert legen.

3.6 r aus n Anordnung

3.6.1   Begriff und Formen der Darstellung

Zwischen Reihen- und Parallelanordnung steht die 'r aus n Anordnung'; sie arbeitet auftragsgemäß, wenn wenigstens r von den vorhandenen n Bauteilen ihre Aufgabe wie vorgesehen erfüllen. In der Regel setzt man von vornherein unabhängige Komponenten voraus, die mit der gleichen Wahrscheinlichkeit ausfallen. Für r=n geht sie über in die Reihenanordnung, mit r=1 in die Parallelanordnung.

Als Beispiel bietet sich ein Flugzeug mit mehreren Antrieben an, das auch dann noch eine sichere Notlandung ausführen kann, wenn nicht mehr die Gesamtzahl der Motoren funktionsfähig ist. Das Seil oder die Trosse nennen wir hier ebenfalls als realistische Beispiele, wenn wir fordern, daß von den n vorhandenen Strängen mindestens r halten müssen. Die seit jeher gebräuchliche Methode, durch Sicherheitsfaktoren Reserven bereitzustellen, führt bei der Trosse unmittelbar zum r aus n Modell.

In der Reihe der graphischen Darstellungen gibt es allein im Bereich der logischen Schaltzeichen ein gesondertes Symbol, das in Abb.33 erscheint. Die Anordnung erfüllt dann ihren Auftrag, falls genau r Komponenten oder mehr als r ihre Aufgabe erfüllen; sie versagt, sofern die vorgesehene Reserve erschöpft ist und zusätzlich ein oder mehrere weitere Bauteile ausfallen.

Das Schaltzeichen führt DIN 25 424 (Fehlerbaumanalyse) nicht auf; es erscheint hingegen als Schwellwertglied in DIN 40 700, Teil 14 (Schaltzeichen für digitale Informationsverarbeitung). Da es logisch und sinnvoll aus dem Gatter für die Operation 'oder' abgeleitet wurde, wenden wir es abkürzend an. Den Sachverhalt können wir auch ausführlich in den logischen Grundverknüpfungen ausdrücken; die Darstellung wird dann umfangreicher: das Beispiel unten würde mindestens sechs Gatter erfordern.

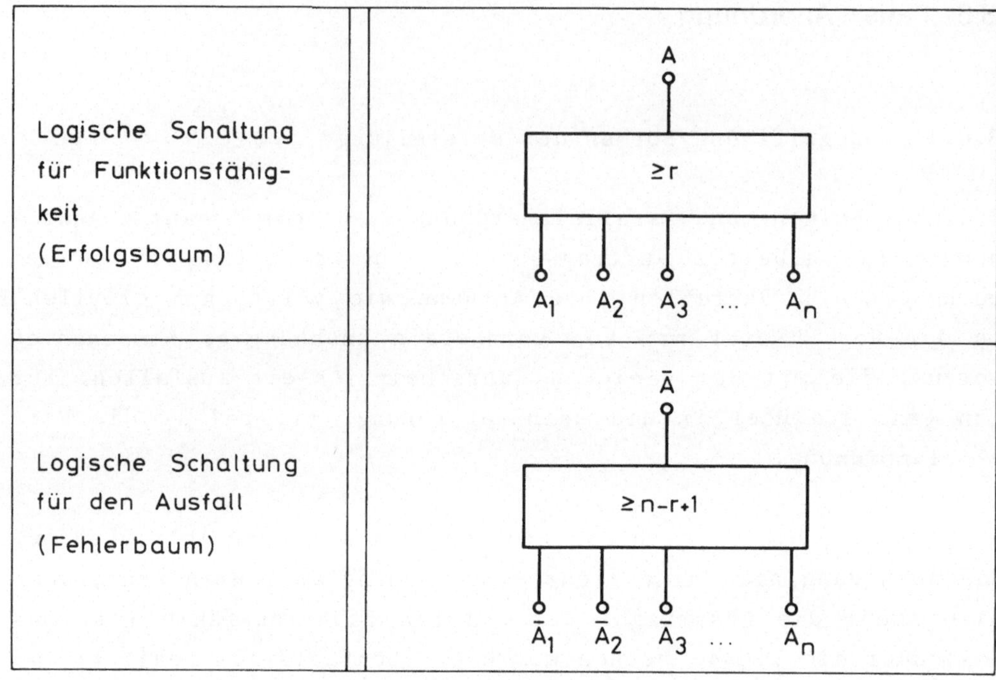

Logische Schaltung für Funktionsfähig-keit (Erfolgsbaum)	
Logische Schaltung für den Ausfall (Fehlerbaum)	

Abb. 33

In den anderen Darstellungsarten muß man sich von vornherein mit Hilfskonstruktionen zufrieden geben, welche die Aussage beispielsweise in Kombinationen von Reihen- und Parallelanordnungen nachbilden. Im Gegensatz zu den bislang eingeführten Kombinationen begegnen wir hier zum ersten Mal einer Reihen-Parallelstruktur, in der ein und dieselbe Komponente mehrfach auftritt. Wir dürfen nicht hoffen, daß wir richtige Ergebnisse mit den einfachen, hierarchisch gestaffelten Regeln gewinnen, wie wir sie sonst bei Kombinationen ohne wiederholte Komponenten anwenden.

Beispiel: Ein Flugzeug mit vier voneinander unabhängigen Antrieben möge noch über ausreichende Notflugeigenschaften verfügen, wenn nur zwei der Motoren richtig arbeiten. Bezeichnen wir die Triebwerke der Reihe nach mit A_1 bis A_4, so erhalten wir die Zuverlässigkeit mit dem Ausdruck

$$P_R = P(A_1 A_2 + A_1 A_3 + A_1 A_4 + A_2 A_3 + A_2 A_4 + A_3 A_4),$$

aus dem wir die nebenan in Abb. 34 wiedergegebene Darstellung als

Blockdiagramm ablesen. Diese
Struktur läßt sich nicht mehr
auf eine Reihen-Parallelanordnung zurückführen, ohne bereits genannte Komponenten zu
wiederholen. Im algebraischen
Ausdruck für die Funktionsfähigkeit erkennen wir diesen
Sachverhalt daran, daß in den
Summanden teilweise identische
Faktoren auftreten; das mehr-
fache Nennen einer Komponente

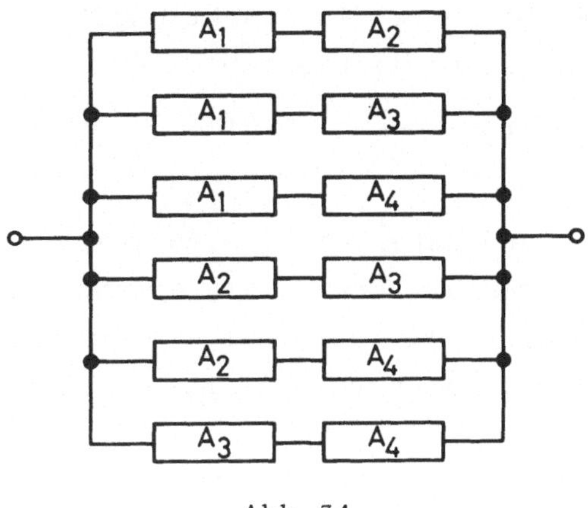

Abb.34

können wir noch für eine durch Ausklammern vermeiden, so daß sie
nur einmal auftritt, nicht aber gleichzeitig für alle. Wie man
solche Fälle allgemein behandelt, werden wir im folgenden Kapitel 4 untersuchen.

3.6.2   Zuverlässigkeit

Für die r aus n Anordnung setzen wir voraus, daß die Komponenten
unabhängig sind und daß sich ihre Zuverlässigkeiten nicht voneinander unterscheiden:

$$P(A_i) = p = 1 - q, \text{ für alle i.} \tag{3.17}$$

Das elementare Ereignis: 'genau die ersten i Komponenten erfüllen ihre Aufgabe und die restlichen n-i sind ausgefallen', führt
alle Bauteile auf, die ersten i ohne Querstrich. Seine Wahrscheinlichkeit geben wir mit

$$p^i(1 - p)^{n-i} \tag{3.18}$$

an. Nun kann man aber auf viele Arten 'genau i richtig arbeitende Komponenten aus n Bauteilen' auswählen, sofern n nicht
zu klein ausfällt und i keinen der Randwerte 0 oder n einnimmt.
Ihre Anzahl erhalten wir mit $\binom{n}{i}$ als Binomialkoeffizienten. Demnach ordnen wir dem Ereignis: 'genau i Komponenten in beliebiger

66

Reihenfolge sind funktionsfähig und die anderen ausgefallen' die Wahrscheinlichkeit

$$\binom{n}{i} p^i (1 - p)^{n-i} \tag{3.19}$$

zu und haben dabei berücksichtigt, daß die Ereignissummanden als elementare Ereignisse einander ausschließen. Zur Zuverlässigkeit tragen alle bei, die r oder mehr als r ordnungsgemäß arbeitende Komponenten enthalten. Als Zuverlässigkeit erhalten wir somit:

$$P_R = \sum_{i=r}^{n} \binom{n}{i} p^i (1 - p)^{n-i}. \tag{3.20}$$

3.6.3   Ausfallwahrscheinlichkeit

Für die Ausfallwahrscheinlichkeit ersetzen wir p durch 1-q und erhalten als Summe über die restlichen elementaren Ereignisse:

$$P_F = \sum_{i=0}^{r-1} \binom{n}{i} q^{n-i} (1 - q)^i. \tag{3.21}$$

Indem wir j für n-i setzen, folgt daraus:

$$P_F = \sum_{j=n-r+1}^{n} \binom{n}{j} q^j (1-q)^{n-j}. \tag{3.22}$$

Damit zählen wir die Wahrscheinlichkeiten aller elementaren Ereignisse zusammen, in denen mehr als n-r Komponenten einen Querstrich tragen und so als ausgefallen gelten.

Zurück zum Beispiel: Für n=4 und r=2 berechnen wir:

$$P_R = 6p^2 (1 - p)^2 + 4p^3 (1 - p) + p^4$$

$$= 6p^2 - 8p^3 + 3p^4$$

$$= 1 - (P_F) = 1 - (4q^3 - 3q^4).$$

Für unser Beispiel erhalten wir damit Werte, die für kleine q zwischen denen von Parallelanordnungen mit 2 und 3 Komponenten liegen.

3.6.4   Funktionsverlauf

Einen gewissen Überblick über das Verhalten der neuen r aus n Anordnung gewinnen wir in der üblichen Weise, indem wir einige Kennwerte wählen. Wir setzen n auf 10 fest. Abb.35 zeigt verschiedene s-förmige Kurven in linearem Maßstab. Die Funktionen für r=1 und r=10 stimmen jeweils mit den Darstellungen für die Reihen- oder Parallelanordnung aus zehn gleichen Bauteilen überein; zwischen ihnen verlaufen die anderen Kurven.

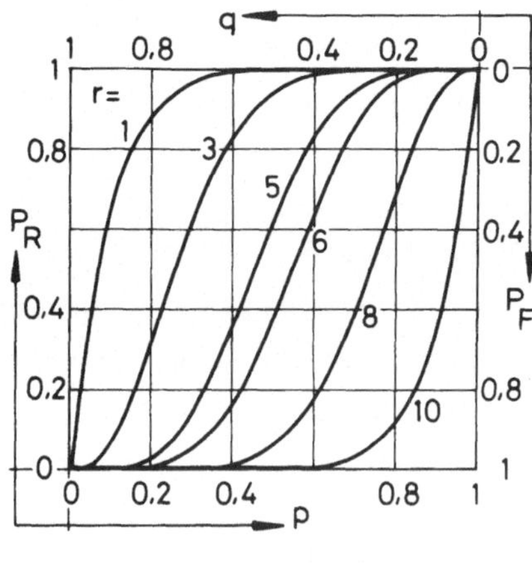

Abb.35

Im zweifachen logarithmischen Maßstab der Ausfallwahrscheinlichkeiten zeigt die folgende Abb.36 eine gegenüber der linearen Darstellung verbesserte Ablesegenauigkeit im Bereich kleiner Ausfallwahrscheinlichkeiten. Auch hier stellen wir fest, daß die Randkurven mit dem bekannten Verhalten der früher gezeigten Funktionen übereinstimmen. Bereits die geringe Redundanz von zwei Strängen gegenüber acht erforderlichen weist der Trosse für

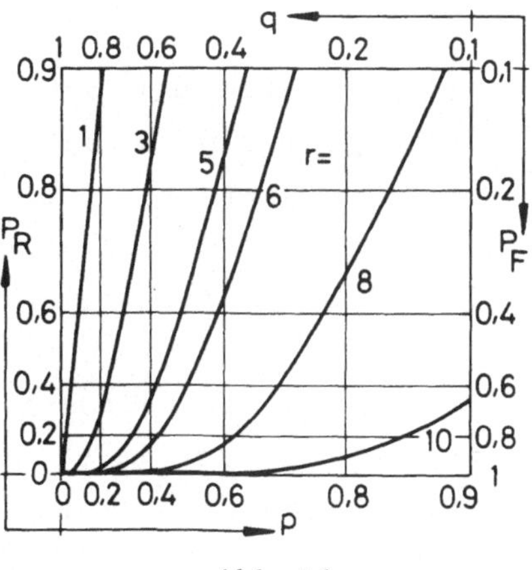

Abb.36

q kleiner als 0,1 stets eine Ausfallwahrscheinlichkeit zu, die unter der eines Stranges liegt; dieses Verhalten verstärkt sich, wenn q noch weiter abnimmt oder wenn die Redundanz ansteigt.

3.7 Zum Üben

1) Prüfen Sie, ob der in Abb.37 darge-
   stellte Graph mit den beiden Komponenten A und B durch einen einfacheren mit gleicher Zuverlässigkeit ersetzt werden kann, indem Sie das Ereignis 'die Anordnung ist funktionsfähig' nach den Regeln der Ereignisalgebra umformen.

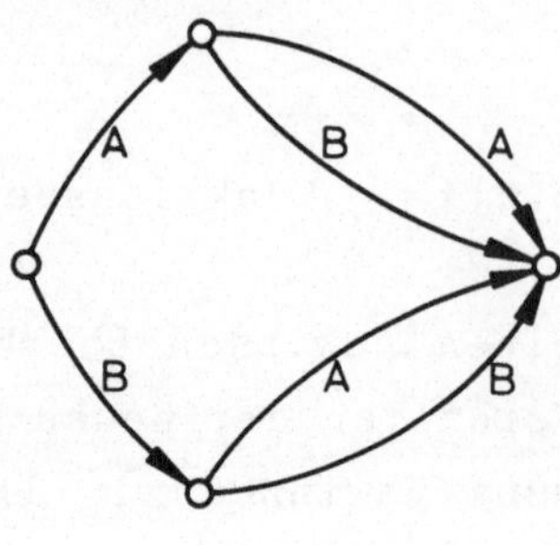

Abb.37

2) Bestimmmen Sie die Ausfallwahrscheinlichkeiten der in Abb.38
   und Abb.39 gezeigten Anordnungen aus verschiedenen, unabhängigen Bauteilen, die mit der gleichen Wahrscheinlichkeit q
   versagen. Welche weist für kleine q die geringere Ausfallwahrscheinlichkeit auf? Gilt Ihre Aussage auch für große q?

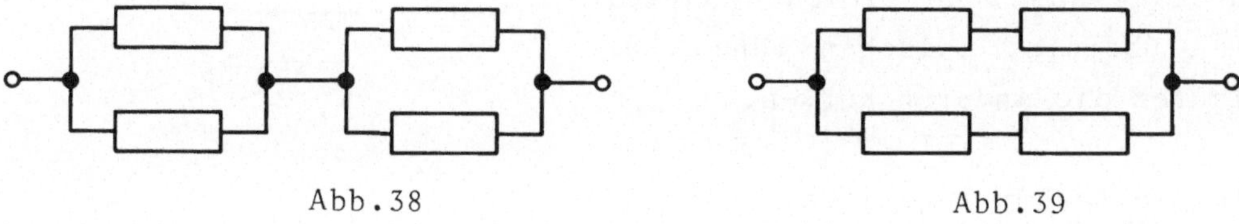

Abb.38   Abb.39

3) Erläutern Sie den Unterschied zwischen der Reihenparallelanordnung in Abb.38 aus unabhängigen Komponenten, die mit der
   gleichen Wahrscheinlichkeit versagen, und einer '2 aus 4 Anordnung' aus denselben Bauteilen. Welche arbeitet mit höherer
   Zuverlässigkeit?

4) Im Gegensatz zu den Annahmen im Abschnitt 3.6 steigt die Aus-
   lastung der verbleibenden noch arbeitsfähigen Komponenten in
   einer besonderen 'r aus n Anordnung' mit der Anzahl der versagenden Einheiten. Wegen der höheren Beanspruchung geht ihre
   Zuverlässigkeit mit dem ersten und mit jedem weiteren Ausfall
   jeweils auf den s-fachen Wert zurück, $0 < s < 1$. Bestimmen Sie
   die Zuverlässigkeit und die Ausfallwahrscheinlichkeit dieser
   Anordnung.

4 Methoden für die Analyse von Anordnungen

4.1 Einführendes

Nicht alle Anordnungen lassen sich in einfacher Weise in die
bisher behandelten Grundanordnungen zerlegen, ohne im Zuverlässigkeitsblockdiagramm eine oder mehrere Komponenten zu wiederholen; die einfachen Rechenregeln dürfen wir dann nicht mehr in
einer hierarchischen Folge anwenden, weil wir in ihnen diese
besondere Art nicht berücksichtigen können, in der einzelne der
Blöcke möglicherweise voneinander abhängen. Auch gibt es Block-
diagramme wie etwa Brückenanordnungen, auf die unser bisheriges
Vorgehen sich nicht anwenden läßt. Deswegen ist ein systemati-
scher Ansatz erforderlich, der stets einen Ausdruck für die
Funktionsfähigkeit oder den Ausfall des Systems liefert und der
es weiterhin gestattet, daraus die Zuverlässigkeit oder die Ausfallwahrscheinlichkeit zu berechnen. Wir greifen hier einige
Redeweisen sowie verschiedene Begriffe der Graphentheorie auf
und skizzieren die Zusammenhänge in Zuverlässigkeitsgraphen.

Beispiel: Eine Anordnung sei daraus entstanden, daß zwei verschiedene Teilfunktionen A und E für eine Aufgabe erforderlich
sind. Um die Zuverlässigkeit zu erhöhen, wurde zunächst durch
Systemredundanz eine Parallelanord-
nung vorgesehen, welche einmal über
A und E oder sonst über B und F die
Gesamtfunktion sicherstellt, sollte
eine der eingesetzten Einheiten ausfallen (Abb.40); das ursprüngliche
System wurde verdoppelt. Dann können
jedoch zwei der Komponenten ausfal-

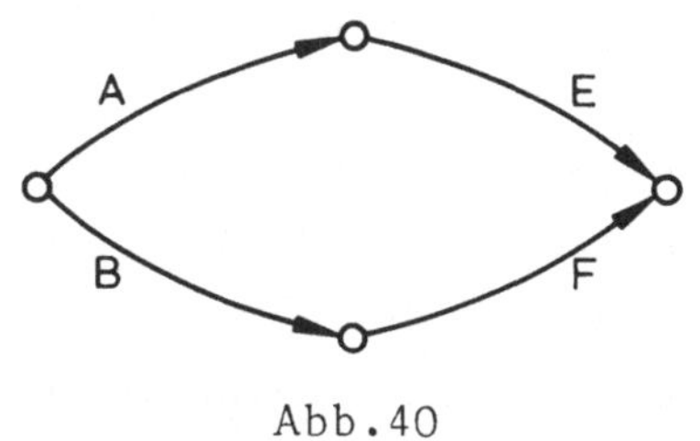

Abb.40

len, beispielsweise A und F, und mit ihnen das System, obwohl
mit B und E noch zwei funktionsfähige Bauteile vorliegen; sie
würden den Systemerfolg gewährleisten, lägen sie in einem Kan-
tenzug statt in verschiedenen. Wir nehmen an, daß es nicht erlaubt sei, die Anschlüsse zwischen A und E sowie B und F unmit-

telbar zu verbinden und so eine Bauteilredundanz herzustellen, in der die Komponenten mit gleichem Auftrag direkt parallel angeordnet sind. Dagegen stehe es uns offen, die mittleren Knoten über zusätzliche Zwischenglieder zusammenzuschalten, die wir C und D nennen; sie sollen wesentlich zuverlässiger sein, damit ein merklicher Gewinn herausspringt. Diesen Aufbau zeigt die nebenstehende Abb.41. Die Komponenten C und D führen in ständig wiederholbaren Schleifen auf bereits vorher berührte Knoten zurück; zu diesem Sachverhalt paßt das Werkzeug nicht, das wir uns bisher erarbeitet haben.

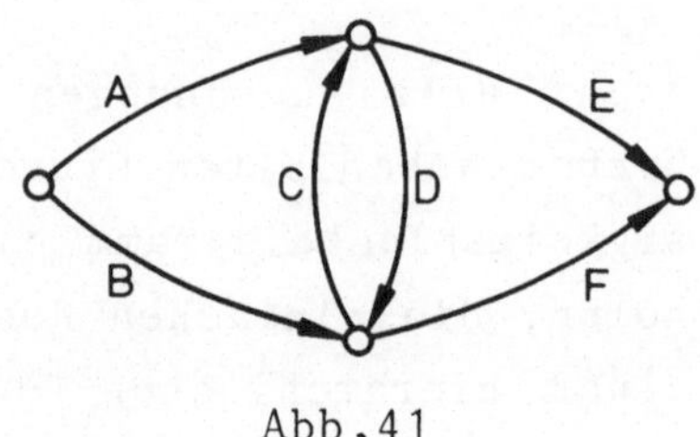

Abb.41

4.2 Minimale Wege

4.2.1   Was verstehen wir unter minimalen Wegen?

Versuchsweise stellen wir verschiedene Kombinationen von Bauteilen zusammen, deren ordnungsgemäße Funktion die Arbeitsfähigkeit des Systems gewährleistet. Eine Reihe von ihnen schreiben wir so auf, daß in der Tabelle 4 in der linken Spalte stets die Komponente A und in der rechten B vertreten ist. Im Wiederholen der rückführenden Schleife aus den Bauteilen C und D erhalten wir immer wieder Ausdrücke, die

AE		BF
ADF		BCE
ADCE	=ACDE	BCDF
ADCDF	=ACDF	BCDCE =BCDE
...		...

Tabelle 4

den letzten gleich sind, sofern wir die Komponenten in den Produkten alphabetisch ordnen und eine jede nur einmal vermerken. Die aufgeführten Ereignisprodukte nennt man recht anschaulich 'Wege', auf denen man vom Eingangsknoten zum Endknoten durch den Graphen 'wandern' kann. Die Wege miteinander vergleichend, fällt uns auf, daß beispielsweise der Weg ACDE in dem zuerst genannten AE enthalten ist. Wir vereinbaren daher:

> Ein Weg ist nur dann minimal,
> wenn er nicht in den anderen enthalten ist.
> Die minimalen Wege bezeichnen wir fortlaufend mit W_i.

Eine einfache Regel hilft uns, eine gewisse Anzahl nicht minimaler Wege zu vermeiden, auch wenn die Rückführungen in komplizierteren Fällen nicht so unmittelbar zu übersehen sind, falls einige Schleifen sich mehrfach überdecken, zahlreiche Knoten gemeinsam passierend:

> Wenn ein Weg einen zuvor berührten Knoten wieder erreicht, dann ist er nicht minimal.

Mit Hilfe dieser Vorschrift erhalten wir Wege, die nur noch in den Fällen ihre Minimaleigenschaft einbüßen können, in denen ein und dasselbe Bauteil mit derselben Funktion mehrfach in der Struktur des Zuverlässigkeitsgraphen auftritt.

4.2.2 Zuverlässigkeit

Eine Anordnung ist dann funktionsfähig, wenn alle Komponenten wenigstens eines minimalen Weges ihren Auftrag erfüllen. Damit erhalten wir für die Zuverlässigkeit einer Anordnung mit m minimalen Wegen W_i:

$$P_R = P\left(\sum_{i=1}^{m} W_i \right). \tag{4.01}$$

Im Beispiel finden wir die vier minimalen Wege

$$W_1 = AE, \qquad W_2 = ADF, \qquad W_3 = BF \qquad und \qquad W_4 = BCE,$$

mit deren Hilfe wir die Zuverlässigkeit der Anordnung niederschreiben als

$$P_R = P(AE + ADF + BF + BCE)$$

$$= P(AE) + P(ADF) + P(BF) + P(BCE) - P(ADEF) - P(ABEF) -$$

$$- P(ABCE) - P(ABDF) - P(BCEF) + P(ABDEF) + P(ABCEF).$$

Was wir gerade notiert haben, entspricht dem, was uns der Form nach bereits als Parallelreihenanordnung begegnet ist, nur daß hier einige der Komponenten zweifach auftreten. So

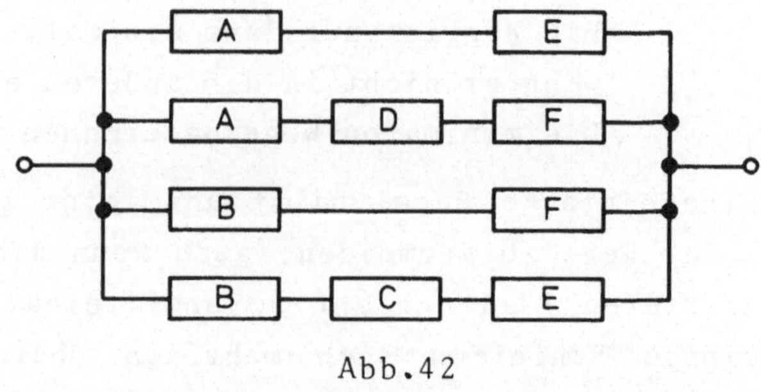

Abb.42

überführen die minimalen Wege jede Anordnung in die Struktur einer Parallelreihenanordnung. Mit unseren Regeln leisten sie diese Aufgabe ebenso für beliebig umfangreiche und vielfache Schleifen, die sich mehrfach ineinanderschachteln.

Wenn unser Beispiel lediglich unabhängige Bauteile aufweist, die mit der gleichen Zuverlässigkeit p ihren Dienst verrichten, dann gilt für die untersuchte Anordnung:

$$P_R = 2p^2 + 2p^3 - 5p^4 + 2p^5.$$

4.2.3 Ausfallwahrscheinlichkeit

Eine Anordnung fällt dann aus, wenn keiner der minimalen Wege mehr funktionsfähig ist, d.h. wir müssen die Wahrscheinlichkeit des Produktes aller entgegengesetzten Ereignisse zu den minimalen Wegen berechnen:

$$P_F = 1 - P_R = P(\prod_{i=1}^{m} \bar{W}_i). \qquad (4.02)$$

Für das Beispiel heißt das:

$$P_F = P(\overline{AE}\ \overline{ADF}\ \overline{BF}\ \overline{BCE}).$$

Die Antwort auf die Frage, wie dieser Ausdruck weiter zu behandeln ist, verlegen wir in den übernächsten Abschnitt 4.4, um uns zunächst mit einer anderen Betrachtungsweise vertraut zu machen.

4.3 Minimale Schnitte

4.3.1   Was verstehen wir unter minimalen Schnitten?

Um den Anfangsknoten eines Zuverlässigkeitsgraphen oder auch um seinen Endknoten denken wir uns eine geschlossene Hülle; sie schneidet eine gewisse Anzahl von Kanten, sofern wir die Hülle nicht durch die Knoten legen. Die treffend gewählte Bezeichnung 'Schnitt' umfaßt alle Kanten, die eine der möglichen Hüllen schneidet; alle Wege vom Eingang zum Ausgang sind unterbrochen.

Beispiel: Wir wenden uns wieder dem Graphen zu, den wir bereits mit Hilfe der minimalen Wege untersucht haben. Abb.43 zeigt eine für unsere Absichten gleichwertige Form. Die früher belie-big häufige Wiederholung von Kanten ist hier nicht mehr möglich; es sind jedoch alle minimalen Wege vorhanden und damit alle uns interessierenden

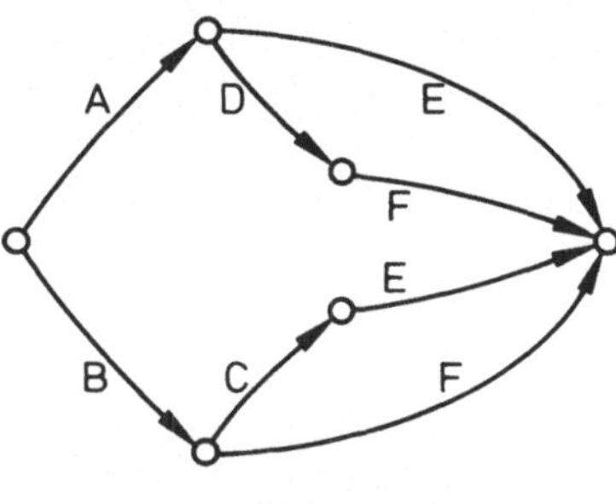

Abb.43

Eigenschaften des Zuverlässigkeitsgraphen. Wie bei den Wegen stellen wir nebenan in Tabelle 5 einige offensichtliche Schnitte zu-sammen. In der Schreibweise bringen wir zum Ausdruck, daß mit dem Aus-fall der aufgeführten Bauteile jede Verbindung zwischen dem Eingangs-

$\overline{A}\overline{B}$	$\overline{B}\overline{D}\overline{E}$	$\overline{B}\overline{E}\overline{F}$
$\overline{A}\overline{C}\overline{F}$	$\overline{C}\overline{D}\overline{E}\overline{F}$	$\overline{C}\overline{E}\overline{F}$
$\overline{A}\overline{E}\overline{F}$	$\overline{D}\overline{E}\overline{F}$	$\overline{E}\overline{F}$

Tabelle 5

und dem Endknoten zerstört ist. Von den angegebenen Schnitten sind einige in anderen enthalten. Wir vereinbaren daher wie bei den Wegen:

> Ein Schnitt ist nur dann minimal,
> wenn er nicht in den anderen enthalten ist.
> Die minimalen Schnitte bezeichnen wir fortlaufend mit $\overline{S}_i$.

Wir nehmen den Querstrich mit auf in das Symbol für minimale Schnitte, um den Sachverhalt zu kennzeichnen, daß Komponenten

74

ausgefallen sind, wenn ein Schnitt vorliegt; die Negierung soll uns stets anzeigen, daß wir ein Versagen behandeln, in welcher Form es auch immer auftreten mag.

4.3.2   Ausfallwahrscheinlichkeit

Offensichtlich erfaßt die Summe aller minimalen Schnitte, in denen wir ausgefallene Komponenten zusammenstellen, das Ereignis: 'Die Anordnung ist nicht arbeitsfähig'. Bei n minimalen Schnitten schreiben wir demnach für die Ausfallwahrscheinlichkeit:

$$P_F = 1 - P_R = P\left(\sum_{i=1}^{n} \bar{S}_i \right). \tag{4.03}$$

Aus der Tabelle 5 suchen wir die vier minimalen Schnitte

$$\bar{S}_1 = \bar{A}\bar{B}, \qquad \bar{S}_2 = \bar{A}\bar{C}\bar{F}, \qquad \bar{S}_3 = \bar{B}\bar{D}\bar{E} \quad \text{und} \quad \bar{S}_4 = \bar{E}\bar{F}$$

für das Beispiel heraus und erhalten mit ihnen:

$$P_F = P(\bar{A}\bar{B} + \bar{A}\bar{C}\bar{F} + \bar{B}\bar{D}\bar{E} + \bar{E}\bar{F})$$

$$= P(\bar{A}\bar{B}) + P(\bar{A}\bar{C}\bar{F}) + P(\bar{B}\bar{D}\bar{E}) + P(\bar{E}\bar{F}) - P(\bar{A}\bar{B}\bar{C}\bar{F}) - P(\bar{A}\bar{B}\bar{D}\bar{E}) -$$

$$- P(\bar{A}\bar{B}\bar{E}\bar{F}) - P(\bar{A}\bar{C}\bar{E}\bar{F}) - P(\bar{B}\bar{D}\bar{E}\bar{F}) + P(\bar{A}\bar{B}\bar{C}\bar{E}\bar{F}) + P(\bar{A}\bar{B}\bar{D}\bar{E}\bar{F}).$$

Auch die minimalen Schnitte, die wir hier aufführen, bilden die Anordnung ab in eine bekannte Form, in die Reihenparallelanordnung, im allgemeinen mit wiederholten Komponenten, wie wir es für unser Beispiel in der Abb.44 zeigen. Wie kompliziert auch

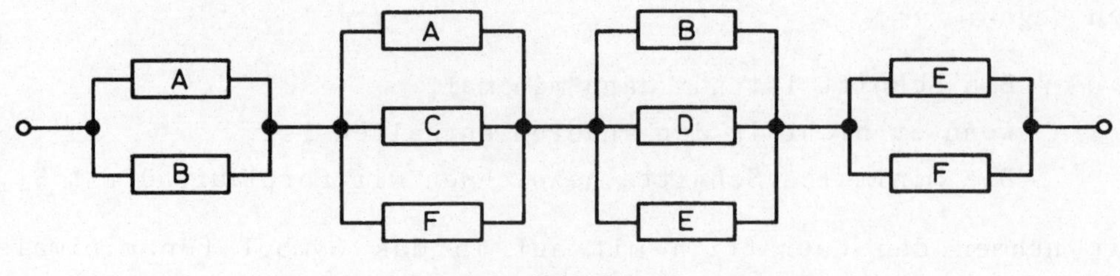

Abb.44

immer eine vorgelegte Anordnung erscheinen mag, die minimalen
Schnitte überführen sie stets in einen derartigen Aufbau.

Haben wir es in unserem Beispiel lediglich mit unabhängigen Bauteilen zu tun, die mit der gleichen Wahrscheinlichkeit q ausfallen, dann dürfen wir schreiben:

$$P_F = 2q^2 + 2q^3 - 5q^4 + 2q^5.$$

Es liegt allein an der inneren Symmetrie des Beispiels, daß hier
dasselbe Polynom in q steht, das wir vorher für die Zuverlässigkeit in p gewannen; in den meisten Fällen unterscheiden sich die
Funktionen nach Form und Aufbau. Später werden wir auf diesen
Sachverhalt genauer eingehen.

4.3.3   Zuverlässigkeit

Eine Anordnung ist funktionsfähig, solange kein Schnitt die Verbindung zwischen dem Eingangs- und dem Endknoten völlig unter-
bricht. Das Produkt der entgegengesetzten Ereignisse zu den
minimalen Schnitten liefert also die Aussage: 'Die Anordnung
erfüllt ihren Auftrag'. Damit schreiben wir für die Zuverlässigkeit:

$$P_R = P\left(\prod_{i=1}^{n} \bar{\bar{S}}_i \right) = P\left(\prod_{i=1}^{n} S_i \right). \tag{4.04}$$

Die Vorschrift wenden wir auf unser Beispiel an und erhalten:

$$P_R = P(\overline{\overline{AB}}\ \overline{\overline{ACF}}\ \overline{\overline{BDE}}\ \overline{\overline{EF}})$$

$$= P[(A + B)(A + C + F)(B + D + E)(E + F)].$$

Wie vorher bei den minimalen Wegen stellen wir die Aufgabe vor-
erst zurück, diesen Ausdruck umzurechnen und auszuwerten. Das
Anliegen des nächsten Abschnittes verfolgt dieses Vorhaben auf
Grund einer allgemeinen Aussage.

4.4 Dualität von Wegen und Schnitten

Die Bezeichnung 'dual' ist in der Graphentheorie nur für besonders ausgezeichnete Fälle festgelegt, nämlich für planare Graphen, die sich stets in einer Ebene so zeichnen lassen, daß Kanten einander nicht kreuzen. Unser Vorhaben erfordert kein derartiges Abgrenzen. Indem wir den Begriff "dual" allgemein für den Zusammenhang zwischen Wegen und Schnitten verwenden, erweitern wir ihn gegenüber der ursprünglich engeren Definition.

In den Abschnitten 4.2 und 4.3 haben wir die Funktionsfähigkeit einer Anlage sowohl aus den minimalen Wegen wie aus den minimalen Schnitten abgeleitet; beide Darstellungen bezeichnen denselben Sachverhalt: sie müssen daher übereinstimmen. Gleiches gilt für den Ausfall:

$$\sum_{i=1}^{m} W_i = \prod_{i=1}^{n} S_i \quad \text{und} \tag{4.05}$$

$$\sum_{i=1}^{n} \bar{S}_i = \prod_{i=1}^{m} \bar{W}_i. \tag{4.06}$$

Diese Übereinstimmung können wir an unserem Beispiel leicht prüfen und dabei das bislang zurückgestellte Umformen der Ereignisprodukte wieder aufgreifen.

$$\prod_{i=1}^{m} \bar{W}_i = \overline{AE}\ \overline{ADF}\ \overline{BF}\ \overline{BCE}$$

$$= (\bar{A} + \bar{E})(\bar{A} + \bar{D} + \bar{F})(\bar{B} + \bar{F})(\bar{B} + \bar{C} + \bar{E})$$

$$= (\bar{A} + \bar{D}\bar{E} + \bar{E}\bar{F})(\bar{B} + \bar{C}\bar{F} + \bar{E}\bar{F})$$

$$= \bar{A}\bar{B} + \bar{A}\bar{C}\bar{F} + \bar{B}\bar{D}\bar{E} + \bar{E}\bar{F}$$

$$= \sum_{i=1}^{n} \bar{S}_i.$$

Indem wir ausmultiplizieren, berechnen wir aus den minimalen
Wegen den uns bereits bekannten Ausdruck, die Summe der minimalen Schnitte. Genau so formen wir das Produkt der Gegensätze zu
den minimalen Schnitten um in die Summe der minimalen Wege:

$$\prod_{i=1}^{n} S_i = \overline{\overline{AB}}\ \overline{\overline{ACF}}\ \overline{\overline{BDE}}\ \overline{\overline{EF}}$$

$$= (A + B)(A + C + F)(B + D + E)(E + F)$$

$$= (A + BC + BF)(BF + DF + E)$$

$$= AE + ADF + BCE + BF$$

$$= \sum_{i=1}^{m} W_i .$$

4.5 Zerlegen der Weg- oder Schnittsummen

4.5.1   Die Ausgangslage

In diesem und dem folgenden Abschnitt wollen wir uns der Frage
widmen: Bieten uns die speziellen Ereignisformen, die wir aus
den minimalen Wegen und Schnitten für die Zuverlässigkeit und
die Ausfallwahrscheinlichkeit bilden, besondere Berechnungsmög-
lichkeiten, über das hinausgehend, was wir bislang kennenlern-
ten? Ja, das ist so.

Die minimalen Wege und Schnitte sind Ereignisprodukte, deren
Faktoren keine weiteren Operationen enthalten. Diese Eigenschaft
läßt uns mit einem Seitenblick auf das Axiom d) von Kolmogoroff
danach fragen, unter welchen Bedingungen sich Summanden gegenseitig ausschließen. Die Forderung ist erfüllt, wenn je zwei
sich dadurch unterscheiden, daß sie denselben Faktor vorweisen,
der eine mit, der andere ohne Querstrich. Da Wege und Schnitte
die verlangte Eigenschaft nicht von vornherein mitbringen, müssen wir nach einer Vorschrift suchen, die unsere Summen systematisch so umformt, daß ihre Glieder einander ausschließen.

Vorzugsweise denken wir bei dieser Aufgabe an Summen aus minimalen Schnitten; sie führen zur Ausfallwahrscheinlichkeit, auf die wir die Berechnungen gründen wollen, um unsere Werte in begrenzter Stellenzahl möglichst genau einzufangen und zu verarbeiten.

4.5.2   Wie gehen wir vor?

Zur Probe betrachten wir einen einfachen Ausdruck, an dem wir unser Vorgehen einführen und erläutern. Die beiden Summanden ABC und ADE in

$$S = ABC + ADE$$

schließen einander nicht aus. Wir dürfen jedoch den zweiten mit dem sicheren Ereignis erweitern. Das nehmen wir gleich zweimal vor, indem wir die Ausdrücke $B+\bar{B}$ und $C+\bar{C}$ wählen und so genau die Faktoren des ersten Summanden heranziehen, die im zweiten nicht auftreten. Das Erweitern führen wir als Multiplikation vorerst nur teilweise aus und erhalten die Aussage:

$$S = ABC + A\bar{B}DE(C + \bar{C}) + ABDE(C + \bar{C}).$$

Der zweite Summand auf der rechten Seite schließt den ersten mit dem entgegengesetzten Ereignis zu B aus; die anhängende Klammer können wir fortlassen. Der dritte Summand schließt den zweiten aus. Sein erster Teil (multipliziert mit C aus der Klammer) ist im ersten Summanden ABC enthalten, sein zweiter nicht mit ihm vereinbar. So schreiben wir

$$S = ABC + A\bar{B}DE + AB\bar{C}DE$$

und haben damit die gewünschte Zerlegung erreicht.

4.5.3   Allgemeine Regel

Liegen irgend zwei Summanden T_1 und T_2 vor uns, und sind U_i, mit $i=1, 2, \ldots, k$ die Faktoren von T_1, die nicht in T_2 erscheinen, dann gewinnen wir mit

$$T_1 + T_2 = T_1 + \bar{U}_1 T_2 + U_1 \bar{U}_2 T_2 + \ldots + U_1 U_2 \ldots U_{k-1} \bar{U}_k T_2 \qquad (4.07)$$

eine Zerlegung in Summanden, die sich nicht vereinbaren lassen. Die Formel steht abkürzend für die vorher an der Probe geübten Rechenschritte.

Für die Berechnung der Wahrscheinlichkeit dürfen wir dann statt der Gleichung (2.34) mit ihren vielen Korrekturgliedern die einfachere Auswertung (2.31) anwenden. Damit haben wir die Vorschrift gefunden, nach der wir suchten; durch algebraisches Umformen der Ereignisse vermeiden wir das Wachstumsgesetz 2^n im Berechnen der Wahrscheinlichkeiten.

Die Anweisung läßt sich um so einfacher befolgen, je kleiner k ausfällt. Deswegen ordnen wir die Summenglieder zweckmäßig nach steigender Anzahl der Faktoren, um nicht allzuviele neue Summanden zu erzeugen. Mit T_1 wandern wir der Reihe nach durch alle Summenglieder; dabei läuft T_2 jeweils über die restlichen, sich noch nicht ausschließenden Summanden. Stellen wir im Verlaufe dieses Vorgehens fest, daß eines der T_2 wegen der vorhergegangenen Operationen bereits in dem jeweiligen T_1 enthalten ist, dann streichen wir es. Die früheren T_1 brauchen wir daraufhin nicht zu prüfen, weil wir alle folgenden Summanden so umformten, daß sie sich mit ihnen nicht vereinbaren lassen.

4.5.4 Unser Beispiel

Im Abschnitt 4.3 fanden wir für die Summe minimaler Schnitte den Ausdruck:

$$\sum_{i=1}^{n} \bar{S}_i = \bar{A}\bar{B} + \bar{E}\bar{F} + \bar{A}\bar{C}\bar{F} + \bar{B}\bar{D}\bar{E}.$$

Setzen wir für T_1 den ersten Summanden $\bar{A}\bar{B}$ und für T_2 fortlaufend die weiteren Ausdrücke, wobei wir jeweils passende U_i wählen, so erhalten wir im ersten Durchlauf:

$$\sum_{i=1}^{n} \bar{S}_i = \bar{A}\bar{B} + A\bar{E}\bar{F} + \bar{A}\bar{B}\bar{E}\bar{F} + \bar{A}\bar{B}\bar{C}\bar{F} + A\bar{B}\bar{D}\bar{E}.$$

Der erste Summand schließt nun alle anderen aus; sie enthalten als Faktor entweder ein A oder B, jeweils nicht gequert. Im nächsten Durchlauf nehmen wir nun den zweiten Summanden für T_1 und stellen fest, daß nur der letzte als T_2 zu behandeln ist, da für alle anderen bereits Unvereinbarkeit besteht:

$$\sum_{i=1}^{n} \bar{S}_i = \bar{A}\bar{B} + A\bar{E}\bar{F} + \bar{A}\bar{B}\bar{E}\bar{F} + \bar{A}\bar{B}\bar{C}\bar{F} + A\bar{B}\bar{D}\bar{E}\bar{F}.$$

Nun bleiben noch der dritte und vierte Summand vereinbar. Mit

$$\sum_{i=1}^{n} \bar{S}_i = \bar{A}\bar{B} + A\bar{E}\bar{F} + \bar{A}\bar{B}\bar{E}\bar{F} + \bar{A}\bar{B}\bar{C}\bar{E}\bar{F} + A\bar{B}\bar{D}\bar{E}\bar{F}$$

erhalten wir schließlich nach dreimaliger Anwendung der Vorschrift das gewünschte Ergebnis. Zum Prüfen setzen wir unabhängige, gleiche Bauteile mit der Ausfallwahrscheinlichkeit $q=1-p$ voraus und berechnen:

$$P_F = q^2 + pq^2 + pq^3 + 2p^2q^3.$$

Dieses Ergebnis liefert nach dem Umrechnen in ein nur von p oder q abhängiges Polynom den uns bereits bekannten Ausdruck.

4.6 Zerlegen der Weg- oder Schnittprodukte

4.6.1 Die Ausgangslage

Es geht in diesem Abschnitt um Produkte, deren Faktoren allein Summen einzelner Grundereignisse sind, wie sie mit der Negation der Weg- oder Schnittsummen vor uns liegen. Im Gegensatz zu dem Ansatz im vorhergehenden Abschnitt wenden wir uns hier vornehmlich den minimalen Wegen zu. Das Produkt der ihnen entgegengesetzten Ereignisse liefert die Ausfallwahrscheinlichkeit. Wie wir bereits mehrfach festgestellt haben, eignet sie sich eher zur numerischen Auswertung als die Zuverlässigkeit, weil alle mitgeführten Stellen zu einer möglichst genauen Wiedergabe des Wertes beitragen.

4.6.2   Wie gehen wir vor?

Wir betrachten wieder einen einfachen Ausdruck. Für ihn begründen wir unseren Ansatz ausführlich und leiten die Maßnahmen ab, die uns auch in anderen, komplizierteren Fällen zum gewünschten Ziel führen. Wir wählen dafür:

$$\prod_{i=1}^{m} \overline{W}_i = \overline{AB}\ \overline{AC}\ \overline{BCD} = (\overline{A} + \overline{B})(\overline{A} + \overline{C})(\overline{B} + \overline{C} + \overline{D}).$$

In kurzer Form weist dieser Ausdruck alles auf, was unsere Ereignisprodukte aus minimalen Wegen kennzeichnet; den gleichen Aufbau finden wir auch bei Schnitten: es gibt Bauteile, welche in mehreren Faktoren erscheinen, während sie in anderen fehlen. Wenden wir uns zunächst dem mehrfach auftretenden Bauteil A zu, das die beiden ersten Faktoren negiert vorweisen. Indem wir an seiner Stelle den gleichwertigen Ausdruck $\overline{A}I + A\emptyset$ schreiben und alle anderen Komponenten mit dem sicheren Ereignis in der Form $I = \overline{A} + A$ erweitern, erhalten wir:

$$\prod_{i=1}^{m} \overline{W}_i = (\overline{A}I + A\emptyset + A\overline{B} + \overline{A}\overline{B})(\overline{A}I + A\emptyset + A\overline{C} + \overline{A}\overline{C})(A\overline{B} + \overline{A}\overline{B} +$$
$$+ A\overline{C} + \overline{A}\overline{C} + A\overline{D} + \overline{A}\overline{D}).$$

Im teilweisen Ausführen der Multiplikationen - wir schränken den Vorgang ein auf $\overline{A}$ und A - ordnen wir alle entstehenden Ausdrücke entweder A oder seinem Gegenteil zu; die gemischten Glieder entfallen, weil sie mit $\overline{A}A$ das unmögliche Ereignis als Faktor mitführen:

$$\prod_{i=1}^{m} \overline{W}_i = \overline{A}(I + \overline{B})(I + \overline{C})(\overline{B} + \overline{C} + \overline{D}) + A(\emptyset + \overline{B})(\emptyset + \overline{C})(\overline{B} + \overline{C} + \overline{D}).$$

Wenn eine Summe das sichere Ereignis I als Glied enthält, fassen wir sie wieder zum sicheren Ereignis zusammen, dieses jedoch schreiben wir als Faktor nicht mehr aus. Ferner unterdrücken wir das unmögliche Ereignis und formen so das Zwischenergebnis:

$$\prod_{i=1}^{m} \bar{W}_i = \bar{A}(\bar{B} + \bar{C} + \bar{D}) + A\bar{B}\bar{C}(\bar{B} + \bar{C} + \bar{D}).$$

Ein weiteres Vereinfachen erlaubt uns der zweite Summand nach (2.21), weil $\bar{B}$ zuerst als Faktor und dann als Summand eines weiteren Faktors auftritt; das gilt hier genau so für $\bar{C}$. Die einfachste Form gewinnen wir also mit

$$\prod_{i=1}^{m} \bar{W}_i = \bar{A}(\bar{B} + \bar{C} + \bar{D}) + A\bar{B}\bar{C}$$

und haben so das ursprüngliche Produkt zerlegt, nach $\bar{A}$ und A, in Summanden, die sich gegenseitig ausschließen.

Das Verfahren können wir formal nun auch auf das im ersten Summanden in der Klammer nur einmal erscheinende $\bar{B}$ anwenden, danach auf $\bar{C}$, oder wir wenden statt dessen unmittelbar das Verfahren des vorhergehenden Abschnittes 4.5 an, um schließlich

$$\prod_{i=1}^{m} \bar{W}_i = \bar{A}\bar{B} + \bar{A}B\bar{C} + \bar{A}BC\bar{D} + A\bar{B}\bar{C}$$

als Aussage zu erhalten, in der das Ausgangsprodukt in neuer Form vor uns steht, nun vollständig zerlegt in einander ausschließende Summanden.

4.6.3   Allgemeine Regel

Unser Vorgehen ließ das Prinzip erkennen, nach dem wir unsere Produkte so umformen, daß wir sie in eine Summe überführen, deren Glieder sich gegenseitig ausschließen; auf diese dürfen wir wieder die einfache Vorschrift (2.31) anwenden, unmittelbar erweitert aus dem Axiom d). Erneut vermeiden wir mit den Korrekturausdrücken das exponentielle Wachstumsgesetz in den numerischen Rechenvorgängen.

Das Verfahren, oben an einem Probeausdruck vorgeführt, läuft immer in derselben Weise ab, selbst wenn wir es auf eine weit höhere Zahl von Faktoren anwenden. Stets wählen wir eine Komponente X aus, sinnvollerweise eine, die recht häufig auftritt. Dann gehen wir aus von der Form:

$$\prod_{i=1}^{m} \bar{W}_i = \prod_j (\bar{X} + \bar{Y}_j) \prod_k \bar{Z}_k ; \qquad (4.08)$$

sie enthält einige Faktoren mit $\bar{X}$ und den Restsummen $\bar{Y}_j$, während die anderen Faktoren $\bar{Z}_k$ kein $\bar{X}$ vorweisen. Jeder einzelne Index i geht über in ein j oder in ein k. Dasselbe Einsetzen und Erweitern, dem wir unsere Probe unterwarfen, führt uns nun auf:

$$\prod_{i=1}^{m} \bar{W}_i = \bar{X} \prod_j (I + \bar{Y}_j) \prod_k \bar{Z}_k \ + \ X \prod_j (\emptyset + \bar{Y}_j) \prod_k \bar{Z}_k \qquad (4.09)$$

$$= \bar{X} \prod_k \bar{Z}_k \ + \ X \prod_j \bar{Y}_j \prod_k \bar{Z}_k .$$

Damit haben wir den ursprünglichen Ausdruck zerlegt in Alternativen hinsichtlich des Bauteils X. Falls in der zweiten einmal oder mehrfach die Beziehung $\bar{Y}_j \subseteq \bar{Z}_k$ erfüllt ist, so dürfen wir diese Faktoren $\bar{Z}_k$ neben den $\bar{Y}_j$ fortlassen. Die Zerlegung deuten wir nach der Regel von der totalen Wahrscheinlichkeit: Das Produkt der $\bar{Z}_k$ steht für das Ereignis 'die Anordnung ist ausgefallen unter der Voraussetzung, daß die Komponente X versagt'. Im zweiten Fall vertritt das Produkt der $\bar{Y}_j$ und $\bar{Z}_k$ die Aussage 'die Anordnung ist ausgefallen unter der Annahme, das Bauteil X arbeitet ordnungsgemäß'.

So entstehen aus dem vorgelegten Produkt der gequerten minimalen Wege zwei sich gegenseitig ausschließende Summanden, die ihrerseits Produkte darstellen, in der Form, wie der ursprüngliche

84

Ausdruck vorlag. Auf sie wenden wir das Verfahren wiederholt an, bis wir in gestaffeltem Vorgehen nur noch einander ausschließende Summanden vorfinden, die ihrerseits als Produkte aus negierten oder nicht gequerten Faktoren bestehen.

4.6.4   Unser Beispiel

Für das Produkt minimaler Wege fanden wir im Abschnitt 4.2:

$$\prod_{i=1}^{m} \bar{W}_i = \overline{AE}\ \overline{ADF}\ \overline{BF}\ \overline{BCE}$$

$$= (\bar{A} + \bar{E})(\bar{A} + \bar{D} + \bar{F})(\bar{B} + \bar{F})(\bar{B} + \bar{C} + \bar{E}).$$

Bis auf C und D treten alle Bauteile zweimal auf. Für den ersten Zerlegungsschritt wählen wir die Komponente A:

$$\prod_{i=1}^{m} \bar{W}_i = \bar{A}(\bar{B} + \bar{F})(\bar{B} + \bar{C} + \bar{E}) + A\bar{E}(\bar{D} + \bar{F})(\bar{B} + \bar{F})(\bar{B} + \bar{C} + \bar{E}).$$

Im zweiten Summanden dürfen wir nun neben dem Faktor $\bar{E}$ die Klammer $(\bar{B}+\bar{C}+\bar{E})$ streichen. Im ersten Summanden treten danach noch $\bar{B}$ und im zweiten $\bar{F}$ doppelt auf. Für sie wiederholen wir den Zerlegungsschritt:

$$\prod_{i=1}^{m} \bar{W}_i = \bar{A}\bar{B} + \bar{A}\bar{B}\bar{F}(\bar{C} + \bar{E}) + A\bar{E}\bar{F} + A\bar{B}\bar{D}\bar{E}\bar{F}.$$

Um unsere Aufgabe des Zerlegens abzuschließen, haben wir noch die letzte verbliebene Klammer aufzulösen und erhalten mit:

$$\prod_{i=1}^{m} \bar{W}_i = \bar{A}\bar{B} + \bar{A}\bar{B}\bar{C}\bar{F} + \bar{A}\bar{B}C\bar{E}\bar{F} + A\bar{E}\bar{F} + A\bar{B}\bar{D}\bar{E}\bar{F}$$

die gesuchte Form. Lediglich im zweiten und dritten Summanden unterscheidet sie sich vom Ergebnis des vorhergehenden Abschnittes 4.5. Hätten wir für die Klammer $\bar{E}+\bar{C}E$ statt $\bar{C}+C\bar{E}$ geschrieben, dann würden unsere Zerlegungen nicht nur in der Aussage, das versteht sich aus dem Ansatz, sondern auch in ihrem Aufbau aufs Tüpfelchen übereinstimmen.

4.7 Näherungen für Summen

4.7.1   Die Ausgangslage

Neben die bisher behandelten exakten Methoden treten Näherungs-
verfahren, die ebenfalls die numerische Auswertung vereinfachen
sollen, aber auf andere Art. Wir gehen aus von der Summendar-
stellung eines Ereignisses, dessen Wahrscheinlichkeit wir zu
berechnen haben; im Rahmen unserer Untersuchungen denken wir in
erster Linie daran, für die Summanden minimale Schnitte einzusetzen. Wir erinnern uns an die genauere Zahlendarstellung und
berücksichtigen das Ergebnis der folgenden Untersuchung: sie
wird nachweisen, daß die Näherungen nur dann sinnvolle Werte
liefern, wenn die beteiligten Wahrscheinlichkeiten klein sind
und mit ihnen erst recht die vernachlässigten Anteile. Dabei
werden wir uns insbesondere der Frage widmen: "Wie klein müssen
die Wahrscheinlichkeiten sein, damit wir brauchbare Abschätzungen erwarten dürfen?" Den Ansatz für ein ganz anderes Näherungs-
verfahren werden wir kurz im Rahmen des folgenden Abschnittes
4.8 ansprechen.

4.7.2   Näherung erster Art

Wir gehen aus von der Gleichung (2.33), die zum ersten Mal eine
Korrektur verlangte für die Wahrscheinlichkeit einer Ereignissumme, deren Glieder sich miteinander vereinbaren lassen:

$$P(A + B) = P(A) + P(B) - P(AB).$$

Für kleine Wahrscheinlichkeiten des Ereignisproduktes AB bietet
es sich an, das Korrekturglied zu vernachlässigen. Insbesondere
bei unabhängigen Ereignissen A und B, denen kleine Wahrscheinlichkeiten zuzuordnen sind, wird auch der Fehler klein bleiben.
Also wählen wir als Näherung erster Art für zwei Summanden:

$$N_1^2 = P(A) + P(B) \geq P(A + B). \tag{4.10}$$

86

Für eine beliebige Anzahl von n Summengliedern vermuten wir:

$$N_1^n = \sum_{i=1}^{n} P(A_i) \geq P(\sum_{i=1}^{n} A_i).$$
(4.11)

Indem wir B_i für A_i einsetzen, solange i kleiner ist als n, und $B_n + B_{n+1}$ für A_n, erhalten wir daraus mit der exakten Vorschrift nach (2.33):

$$P(\sum_{i=1}^{n+1} B_i) \leq \sum_{i=1}^{n-1} P(B_i) + P(B_n) + P(B_{n+1}) - P(B_n B_{n+1}).$$

Diese Abschätzung behält ihre Gültigkeit, wenn wir die rechte Seite durch das Fortlassen des negativen Wertes wachsen lassen. Mit der Aufnahme der verbleibenden Glieder in die abkürzende Summenschreibweise erhalten wir die auf n+1 erweiterte Näherungsregel. Da sie für n=2 gilt, ist sie für alle n bewiesen.

4.7.3   Näherung zweiter Art

Für drei beliebige Ereignisse fanden wir als Vorbereitung für die allgemeine Gleichung (2.34):

$$P(A + B + C) = P(A) + P(B) + P(C) - P(AB) - P(AC) - P(BC) +$$
$$+ P(ABC).$$

Hatten wir eben die Wahrscheinlichkeit eines Ereignisproduktes aus zwei Faktoren als klein angesehen gegen die Wahrscheinlichkeiten der Faktoren, so wollen wir nun das letzte Korrekturglied fortlassen, das im Gegensatz zum gerade behandelten Fall ein positives Vorzeichen trägt. Mithin schreiben wir als Näherung zweiter Art für drei Summanden:

$$N_2^3 = P(A) + P(B) + P(C) - P(AB) - P(AC) - P(BC)$$
(4.12)
$$\leq P(A + B + C)$$

So angeregt, formulieren wir unsere Vermutung, wie die Näherung für n Summanden aussehen müßte:

$$N_2^n = \sum_{i=1}^{n} P(A_i) - \sum_{i=1}^{n-1} \sum_{j=i+1}^{n} P(A_i A_j) \leq P(\sum_{i=1}^{n} A_i). \qquad (4.13)$$

Wie vorher ersetzen wir A_n durch $B_n + B_{n+1}$ und alle anderen Ereignisse A_i durch B_i. Damit erhalten wir:

$$P(\sum_{i=1}^{n+1} B_i) \geq \sum_{i=1}^{n-1} P(B_i) + P(B_n) + P(B_{n+1}) - P(B_n B_{n+1}) -$$

$$- \sum_{i=1}^{n-1} \left[\sum_{j=i+1}^{n-1} P(B_i B_j) + P(B_i B_n) + P(B_i B_{n+1}) - P(B_i B_n B_{n+1}) \right].$$

Wenn wir den letzten Beitrag in der eckigen Klammer unterschlagen, verkleinern wir die rechte Seite und die Abschätzung bleibt weiterhin gültig. Zusätzlich nehmen wir den letzten negativen Summanden der ersten Zeile für $i=n$ mit auf in die große Klammer als ein weiteres $P(B_i B_{n+1})$; diese Glieder und die vor ihnen stehenden $P(B_i B_n)$ gehen dann ein in die zweite Summe, falls wir deren obere Grenze für den Index j erhöhen, und zwar auf $n+1$. Ebenso verfahren wir in der ersten Zeile, indem wir auch dort die Obergrenze für i auf $n+1$ setzen und so die beiden folgenden Summanden in die Summenvorschrift aufnehmen. So steht vor uns, was wir als Regel für n vermuteten, nur daß dessen Platz nun der Wert $n+1$ einnimmt. So haben wir aus dem Ansatz für drei Summanden die Näherung als gültig für alle n nachgewiesen.

Offensichtlich kann man das Verfahren fortsetzen und in gleicher Weise Näherungen höherer Art gewinnen; sie fallen abwechselnd größer aus und dann wieder kleiner als der wahre Wert, den wir zu bestimmen wünschen. Die Folge der Näherungen mündet schließlich in die exakte Vorschrift, wenn wir alle Korrekturen nach Gleichung (2.34) erfaßt haben. Mehr sagen die Abschätzungen nicht aus. Wie weit sich die Näherungen vom gesuchten Wert entfernen und auch, wie sie zueinander stehen, das müssen wir gesondert prüfen.

4.7.4   Güte der Näherungen

Zunächst wenden wir uns der Näherung erster Art zu, weil wir hoffen, mit der einfachen Vorschrift allein auszukommen. Um abzuschätzen, wie nah oder wie fern sie zum wahren Wert liegen mag, gehen wir aus von unabhängigen Summanden mit derselben Wahrscheinlichkeit q und verlangen ganz bescheiden: die Näherung soll eine genauere Aussage liefern als die triviale Feststellung $P_F \leq 1$. Die erste Näherung enthält genau n Summanden der Größe q und unsere Forderung lautet:

$$N_1^n = nq \leq 1. \tag{4.14}$$

Aus dieser Beziehung leiten wir die Auflage für q ab:

$$q \leq \frac{1}{n}. \tag{4.15}$$

Je größer die Anzahl der Schnitte, um so kleiner muß ihre Wahrscheinlichkeit ausfallen, wenn die erste Näherung vernünftige Werte liefern soll. Denken wir weiter daran, daß wir Ausfallwahrscheinlichkeiten annähernd bestimmen wollen, die meist nahe bei Null liegen, dann müssen wir für q zusätzlich einen noch kleineren Wert fordern als in der Abschätzung (4.15).

Nun meint man leicht, die Folge der Näherungen schließe den wahren Wert wie bei einer Intervallschachtelung immer enger ein; man brauche also beispielsweise nur die dritte Näherung anzugeben, um eine wesentlich genauere Angabe zu erhalten. Diese Vermutung prüfen wir, indem wir wie oben Unabhängigkeit der Ereignissummanden annehmen, verbunden mit derselben Wahrscheinlichkeit q, und die Differenz zweier aufeinander folgender Näherungen auf derselben Seite des gesuchten Wertes bilden:

$$D_k^n = N_k^n - N_{k-2}^n = -(-1)^{k-1} q^{k-1} \left[\binom{n}{k-1} - \binom{n}{k} q \right]. \tag{4.16}$$

Die Näherung N_k^n ist dann besser als N_{k-2}^n, wenn die eckige Klammer positive Werte liefert; das ist der Fall, solange

$$q \le \frac{\binom{n}{k-1}}{\binom{n}{k}} = \frac{k}{n-k+1} \approx \frac{k}{n} \quad , \text{ für } k \ll n, \tag{4.17}$$

bleibt. Mit dieser Abschätzung erweitern wir den Spielraum nicht wesentlich gegenüber der ersten; lediglich die Forderung, den abgeschätzten Wert zusätzlich zu unterschreiten, brauchen wir nicht mehr in gleicher Schärfe zu erheben.

4.8 Gruppieren elementarer Ereignisse

4.8.1 Die Ausgangslage

In diesem Abschnitt widmen wir uns einem Vorgehen, das weniger dem Berechnen von Wahrscheinlichkeiten der bisherigen Art dient, obwohl es sich grundsätzlich dazu eignet; die minimalen Schnitte in der Form der einander ausschließende Summanden reichen für unsere bislang verfolgten Ziele vollkommen aus. Wir bereiten hier jedoch eine Grundlage für spätere Aufgaben, in denen der zeitliche Ablauf in der Folge der Geschehnisse maßgeblich auf unsere Wahrscheinlichkeiten einwirkt. Es geht wieder um unser altes Anliegen, das Wachstumsgesetz in der Form 2^n zu vermeiden, das später die Anzahl simultaner Differentialgleichungen festlegt; hier rüsten wir uns für einen Ausweg, den wir in einigen Fällen unmittelbar beschreiten, während wir ihn in anderen für verschiedene Näherungen unterschiedlicher Güte ausnutzen.

Die Funktionsfähigkeit oder den Ausfall eines Systems können wir mit Hilfe elementarer Ereignisse darstellen. Jedes elementare Ereignis führt als Faktoren sämtliche Bauteile auf, welche je durch fehlende oder vorhandene Negierung die Funktionsfähigkeit oder den Ausfall der Komponente wiedergeben. Wir finden $\binom{n}{0}=1$ elementares Ereignis mit keinem Querstrich, $\binom{n}{1}=n$ elementare Ereignisse mit einem negierten Faktor, $\binom{n}{2}$ mit zwei negierten Faktoren, bis schließlich $\binom{n}{n}=1$ elementares Ereignis den Ausfall sämtlicher Komponenten anzeigt. Insgesamt haben wir also 2^n elementare Ereignisse so aufzuteilen, daß sie einerseits die Funktionsfähigkeit und der verbleibende Rest den Ausfall des Systems anzeigen. Es geht uns nun keineswegs darum, alle 2^n elementaren Ereignisse zu behandeln, ein jedes für sich gesondert: ganz und gar nicht, dazu fehlt uns die Zeit; wir werden versuchen, sie in geeigneter Weise zusammenzufassen. Dabei wollen wir generell annehmen, daß sämtliche Komponenten voneinander unabhängig sind. Ohne ausdrücklich von einem vollständigen Ereignissystem zu sprechen, zogen wir diese Betrachtungsweise bereits bei der r aus n Anordnung heran, einem System, das sich zudem dadurch auszeichnete, daß es aus Bauteilen mit derselben Ausfallwahrscheinlichkeit bestand.

Es liegt nahe, diese Vorgehensweise auf andere Systeme zu übertragen, die gleichartige Komponenten aufweisen. Wir fordern also und setzen voraus, daß es eine oder mehrere Gruppen von einander gleichen Bauteilen gibt. Vor allem in redundanten Systemen, die uns in der Berechnung auch die größten Schwierigkeiten bereiten, werden wir häufig wiederholte Komponenten antreffen. Sie weisen dieselben Eigenschaften auf, insbesondere stimmen sie in ihren Zuverlässigkeiten überein; individuell aber unterscheiden sie sich, etwa durch eine eigene Nummer. Darüber hinaus können wir auch die Komponenten als gleich ansehen, die in ihrem Ausfallverhalten übereinstimmen, selbst wenn sie in technischer oder physikalischer Hinsicht voneinander abweichen.

Für eine r aus n Anordnung skizzieren wir das Euler-Venn-Diagramm in Abb.45. Die Teilflächen fassen alle elementaren Ereignisse mit gleicher Anzahl ausgefallener Komponenten zusammen, wie sie der Binomialkoeffizient in einem jeden Abschnitt zählt; dann liegt für jedes Teilfeld auch die Zahl der arbeitsfähigen

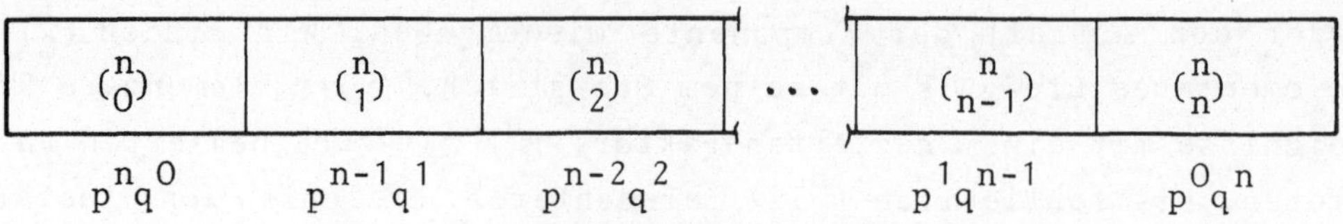

$$\binom{n}{0} \quad \binom{n}{1} \quad \binom{n}{2} \quad \cdots \quad \binom{n}{n-1} \quad \binom{n}{n}$$

$$p^n q^0 \qquad p^{n-1} q^1 \qquad p^{n-2} q^2 \qquad p^1 q^{n-1} \qquad p^0 q^n$$

Abb.45

Bauteile fest. Die Wahrscheinlichkeit der elementaren Ereignisse steht darunter, wobei q die Ausfallwahrscheinlichkeit der Komponenten bedeutet und p ihr Einerkomplement, die Zuverlässigkeit.

Die r aus n Anordnung war deswegen so einfach zu berechnen, weil die Produkte aus der Anzahl der elementaren Ereignisse, den Binomialkoeffizienten $\binom{n}{i}$, und dem Wert für die Wahrscheinlichkeit dieser Ereignisse, $p^i q^{n-i}$, für die ersten n-r+1 Teilfelder aufsummiert, die Zuverlässigkeit des Systems ausmachten, für die restlichen die Ausfallwahrscheinlichkeit. Statt aller 2^n elementaren Ereignisse haben wir nur die n+1 Stellvertreter unterschieden, die sich in der Anzahl der negierten Faktoren voneinander abheben.

4.8.2   Eine Gruppe gleicher Bauteile

Für ein beliebiges System aus n gleichen Komponenten können wir ein ähnliches Euler-Venn-Diagramm zeichnen, wie wir es eben für die r aus n Anordnung angegeben haben. Der einzige Unterschied besteht darin, daß bei der r aus n Anordnung die Aufteilung in die Funktionsfähigkeit des gesamten Gebildes und in deren Ausfall vollständige Teilfelder erfaßt; die Trennlinie verläuft sauber zwischen zwei Abschnitten. Im Gegensatz dazu kann ein solches Teilfeld für ein allgemeines System einige elementare Ereignisse enthalten, die zur Funktionsfähigkeit dieser Anordnung gehören und zugleich andere, die ihren Ausfall kennzeichnen. Indem wir das Diagramm aus Abb.45 in der Fläche nach unten verdoppeln, oben die Anzahl der elementaren Ereignisse angeben, die den Ausfall bewirken, und unten alle eintragen, die zur Funktionsfähigkeit des Systems gehören, halten wir sie sorgsam auseinander. Die Summe aus diesen Belegungszahlen, welche in der Spalte i übereinander stehen, i zählend von Null bis n, sie ergibt den Binomialkoeffizienten $\binom{n}{i}$. Er ist der höchste Wert, den wir allenfalls in einem einzelnen Feld notieren dürfen, weil wir gerade so viele elementare Ereignisse vorfinden, in denen genau i Komponenten versagen.

Es kommt nun darauf an, die jeweiligen Belegungszahlen zu finden, die statt der Binomialkoeffizienten der r aus n Anordnung
einzutragen sind. Um sie zu bestimmen, gehen wir aus von den
einander ausschließenden Summanden, die den Ausfall einer Anordnung beschreiben; das Verfahren läuft in gleicher Weise ab für
den Erfolg, der die Arbeitsfähigkeit kennzeichnet.

Von den insgesamt n Bauteilen der Anordnung weist ein Summand u
Komponenten mit Querstrich auf, v fehlen in dem Produkt, so daß
n-u-v ohne Negierung vertreten sind. Für jegliche der v nicht
genannten Einheiten X_i bilden wir die Summen $X_i + \bar{X}_i$, die wir als
Faktoren nebeneinander stellen; jeder der Faktoren bezeichnet
das sichere Ereignis und so sagt auch das Produkt nichts anderes
aus. Für v=3 steht dann beispielsweise vor uns:

$$
\begin{aligned}
(X_1 + \bar{X}_1)(X_2 + \bar{X}_2)(X_3 + \bar{X}_3) &= I \\
&= X_1 X_2 X_3 \\
&\quad + X_1 X_2 \bar{X}_3 + X_1 \bar{X}_2 X_3 + \bar{X}_1 X_2 X_3 \\
&\quad + \bar{X}_1 \bar{X}_2 X_3 + \bar{X}_1 X_2 \bar{X}_3 + X_1 \bar{X}_2 \bar{X}_3 \\
&\quad + \bar{X}_1 \bar{X}_2 \bar{X}_3 .
\end{aligned}
$$

Die 2^v Summanden der rechten Seite bilden ein vollständiges Ereignissystem; sie gliedern sich in Blöcke, wie oben in Zeilen
zusammengefaßt, mit je gleicher Anzahl gequerter Komponenten. In
Binomialkoeffizienten $\binom{v}{j}$ drücken wir wieder aus, wieviele Mitglieder ein jeder Block zählt.

Mit dieser Form multiplizieren wir unseren ursprünglichen Summanden, er schließt alle anderen aus, ohne seine Aussage auch
nur im geringsten zu ändern, weil wir lediglich das sichere
Ereignis als Faktor hinzugeschrieben haben. Indem wir aber die
rechte Seite ausdeuten, ermitteln wir, wie sich der Summand
aus elementaren Ereignissen zusammensetzt: er umfaßt $\binom{v}{0} = 1$ mit u
Querstrichen aus dem ersten Block, $\binom{v}{1}$ mit u+1 Querstrichen aus
dem zweiten und schließlich $\binom{v}{v} = 1$ mit u+v Negierungen aus dem
letzten.

In Zukunft kürzen wir den Vorgang ab, den wir hier ausführlich vorgestellt haben, um ihn zu begründen. Wir lesen lediglich den Wert v für jeden der sich gegenseitig ausschließenden Summanden ab und bilden die zugehörigen Binomialkoeffizienten. Sie tragen wir ein in das Muster unseres Euler-Venn-Diagrammes ab der Spalte u, die zu den u vorgegebenen Ausfällen des ursprünglichen Summanden gehört. Haben wir so alle Summanden behandelt, welche sich nicht miteinander vereinbaren lassen, dann liefert die Summe der eingetragenen Zahlen in jedem Abschnitt die gesuchte Belegungszahl für den Ausfall; für die Arbeitsfähigkeit gewinnen wir sie aus der Differenz zu den maximalen Werten, die wir bereits in Abb.45 für eine r aus n Anordnung vermerkten.

4.8.3 Unser Beispiel

Um das Verfahren vorzuführen, greifen wir das Beispiel dieses Kapitels nach Abb.41 und Abb.43 auf. Die minimalen Schnitte bestimmten wir im Abschnitt 4.3, zerlegten sie im Abschnitt 4.5 in sich ausschließende Summanden und erhielten:

$$\sum_{i=1}^{n} \bar{S}_i = \bar{A}\bar{B} + A\bar{E}\bar{F} + \bar{A}B\bar{E}\bar{F} + \bar{A}B\bar{C}E\bar{F} + A\bar{B}\bar{D}\bar{E}\bar{F}.$$

Wir nehmen an, daß sämtliche Komponenten A bis F einander gleich sind, sechs an der Zahl. Die nebenan stehende Tabelle 6 verzeichnet zu jedem Summanden die Zahlen u, v und n-u-v, die wir für unser weiteres Vorgehen benötigen. Der Wert u in der zweiten Spalte nennt

	u	v	n-u-v
$\bar{A}\bar{B}$	2	4	0
$A\bar{E}\bar{F}$	2	3	1
$\bar{A}B\bar{E}\bar{F}$	3	2	1
$\bar{A}B\bar{C}E\bar{F}$	3	1	2
$A\bar{B}\bar{D}\bar{E}\bar{F}$	3	1	2

Tabelle 6

uns das Teilfeld des Euler-Venn-Diagrammes, in dem wir jeweils beginnen, die Folge der Binomialkoeffizienten einzutragen; sie leiten wir ab aus den Angaben der nächsten Spalte. Wir halten uns an die Regel, die Teilfelder von Null bis n zu numerieren, da wir sie nach der Zahl der Komponentenausfälle unterscheiden.

94

Spalte:	0	1	2	3	4	5	6
			1	4	6	4	1
			1	3	3	1	
				1	2	1	
				1	1		
				1	1		
	—	—	—	—	—	—	—
	0	0	2	10	13	6	1

	1	6	15	20	15	6	1
	−0	−0	−2	−10	−13	−6	−1
	—	—	—	—	—	—	—
	1	6	13	10	2	0	0
	$p^6 q^0$	$p^5 q^1$	$p^4 q^2$	$p^3 q^3$	$p^2 q^4$	$p^1 q^5$	$p^0 q^6$

Abb.46

Im Ausführen unserer Vorschriften entsteht Abb.46. Im oberen
Teil, der verabredungsgemäß alle Ausfallmöglichkeiten der Anordnung erfaßt, tragen wir für jeden Summanden die ihm zugeordneten
Binomialkoeffizienten zeilenweise ein und zählen sie anschließend zusammen. Dann gibt es beispielsweise dreizehn elementare
Ereignisse in Spalte vier, also dreizehn Kombinationen von zwei
funktionsfähigen und vier ausgefallenen Komponenten, bei denen
die Anordnung versagt.

Der untere Teil beschreibt die Funktionsfähigkeit. In ihm vermerken wir zunächst spaltenweise die Höchstzahl der elementaren
Ereignisse, von denen wir dann die Belegungszahlen für den Ausfall abziehen; so bestimmen wir, wieviele Kombinationen arbeits-
fähiger und versagender Komponenten zum Erfolg der untersuchten
Anordnung beitragen. Wie etwa Spalte vier ausweist, gibt es
ihrer zwei mit vier ausgefallenen Komponenten und zwei funktionsfähigen.

Früher erkannten wir bereits eine innere Symmetrie der Anordnung, die sich nun in übereinstimmenden Reihen der Belegungszahlen äußert. So wie wir sie für den Ausfall von links nach
rechts ablesen, ebenso stehen sie für die Funktionsfähigkeit im
unteren Teil, nur in umgekehrter Reihenfolge.

Den Rest unserer Aufgabe bewältigen wir ohne sonderliche Mühe. Wir summieren über alle Produkte der Belegungszahlen für den Ausfall mit den darunter stehenden Wahrscheinlichkeiten eines einzelnen elementaren Ereignisses:

$$P_F = 2p^4q^2 + 10p^3q^3 + 13p^2q^4 + 6p^1q^5 + q^6.$$

Ersetzen wir p durch 1-q, so erhalten wir den bereits bekannten Ausdruck:

$$P_F = 2q^2 + 2q^3 - 5q^4 + 2q^5.$$

4.8.4   Gleiche Bauteile in zwei unterschiedlichen Gruppen

Bei zwei Sorten von Komponenten haben wir die elementaren Ereignisse nicht wie bisher nur nach der Anzahl der ausgefallenen Bauteile zu unterscheiden, sondern wir müssen zusätzlich angeben, wieviele von ihnen zur ersten und wieviele zur zweiten Art gehören. Zum ersten Typ mögen m und zum zweiten n Bauteile zählen, die mit den Wahrscheinlichkeiten q_1 und q_2 ausfallen. Ihre Zuverlässigkeiten betragen $p_1=1-q_1$ und $p_2=1-q_2$.

Vorher gingen wir aus von einer r aus n Anordnung, die wir nun zu einer s aus m 'und' r aus n Anordnung erweitern. Wir verlangen also, daß aus der ersten Gruppe mit m einander gleichen Komponenten wenigstens s und aus der zweiten Gruppe mit n anderen, ebenso unter sich gleichen Bauteilen, wenigsten r ihren Dienst ohne Störungen versehen.

Im Euler-Venn-Diagramm unterscheiden wir nun die elementaren Ereignisse danach, wieviele Ausfälle zu jeder Komponentenart gehören; im Gegensatz zum bisherigen Aufteilen in einer Dimension tragen wir die Teilfelder in zwei Richtungen auf. So erhalten wir eine Darstellung, die im Fortschreiten nach rechts, so wie bisher, für jedes Teilfeld die Zahl der ausgefallenen Bauteile der ersten Art um eins erhöht und zusätzlich nach oben die

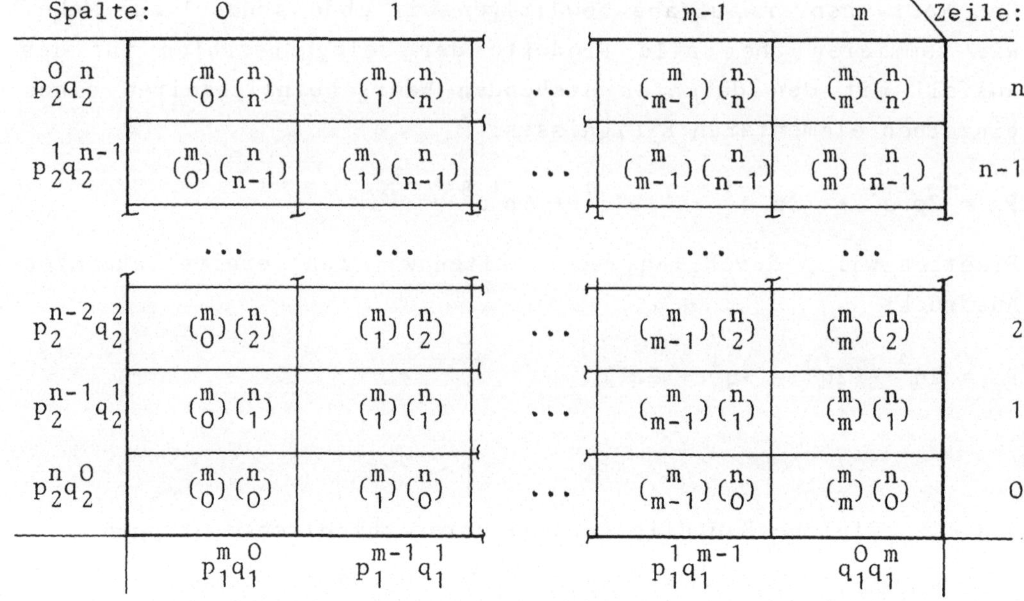

Abb.47

Ausfälle zweiter Art zählt. In Abb.47 verzeichnet die unterste Zeile spaltenweise die Wahrscheinlichkeiten für ein Ereignis mit m-i arbeitsfähigen und i ausgefallenen Komponenten der ersten Sorte. Die linke Spalte vermerkt die entsprechenden Werte für die n Bauteile der zweiten Art. Die Produkte dieser Angaben an den Kreuzungspunkten sind die Wahrscheinlichkeiten der elementaren Ereignisse; ihre Anzahl geht ebenfalls aus einem Produkt hervor, dessen Faktoren Binomialkoeffizienten sind. Sie leiten sich ab aus der Zahl der jeweiligen Gruppenmitglieder; wir finden sie wegen $\binom{n}{0}=\binom{n}{n}=\binom{m}{0}=\binom{m}{m}=1$ an den Rändern. Damit haben wir das vollständige Euler-Venn-Diagramm konstruiert, das uns zugleich die maximalen Belegungszahlen für eine beliebige Anordnung anderer Struktur nennt.

Zum Berechnen der Ausfallwahrscheinlichkeit zählen wir in den einander ausschließenden Summanden die gequerten Komponenten getrennt zusammen. Bei u Elementen der ersten Sorte und x Bauteilen der zweiten steuern wir ausgehend von der linken unteren Ecke die Spalte u und die Zeile x an. Hier haben wir eine Eins einzutragen. Nicht aufgeführt sind v Komponenten der ersten Art

und y der zweiten; die eben geschriebene Eins steht für das Produkt $\binom{v}{0}\binom{y}{0}$. Ausgehend von diesem Teilfeld, vermerken wir nach
rechts und ebenso nach oben die weiteren Binomialkoeffizienten,
wie sie sich aus den Zahlen v und y ergeben. So säumen wir ein
Rechteck, das wir mit den Produkten aus den soeben eingetragenen
Randzahlen füllen.

Haben wir alle Summanden der Reihe nach ausgewertet, dann gewinnen wir, in jedem Teilfeld addierend, die Belegungszahlen für
den Ausfall des Systems. Nachfolgend verbleibt die Summierung
über Produkte aus den Belegungszahlen und den Wahrscheinlichkeiten der elementaren Ereignisse.

4.8.5   Unser Beispiel

Um das Verfahren zu demonstrieren, ziehen wir wieder unser altes
Beispiel heran. Im Gegensatz zu vorher gehen wir nun davon aus,
daß zur ersten Art die Komponenten A, B, E und F gehören, welche
die ursprünglich geforderten Aufgaben wahrnehmen, während C und
D als Umschaltorgane die zweite Gruppe bilden; gemessen an ihrem
geringfügigen Beitrag zur gesamten Funktion, sollten sie eine
höhere Zuverlässigkeit vorweisen.

Dieses Festlegen führt uns auf Tabelle 7, in der wir, nach beiden Gruppen getrennt, die Zahlen vermerken, wie wir sie für das
Eintragen der Werte in die Teilfelder des Euler-Venn-Diagrammes
benötigen.

Summand	Gruppe 1			Gruppe 2		
	u	v	n−u−v	x	y	m−x−y
$\bar{A}\bar{B}$	2	2	0	0	2	0
$A\bar{E}\bar{F}$	2	1	1	0	2	0
$\bar{A}B\bar{E}\bar{F}$	3	0	1	0	2	0
$\bar{A}B\bar{C}E\bar{F}$	2	0	2	1	1	0
$A\bar{B}\bar{D}E\bar{F}$	2	0	2	1	1	0

Tabelle 7

98

<table>
<tr><td>Spalte:</td><td>0</td><td>1</td><td>2</td><td>3</td><td>4</td><td>Zeile:</td></tr>
<tr><td>$p_2^0 q_2^2$</td><td>0+0+0+0+0=
=0</td><td>0+0+0+0+0=
=0</td><td>1+1+0+1+1=
=4</td><td>2+1+1+0+0=
=4</td><td>1+0+0+0+0=
=1</td><td>2</td></tr>
<tr><td>$p_2^1 q_2^1$</td><td>0+0+0+0+0=
=0</td><td>0+0+0+0+0=
=0</td><td>2+2+0+1+1=
=6</td><td>4+2+2+0+0=
=8</td><td>2+0+0+0+0=
=2</td><td>1</td></tr>
<tr><td>$p_2^2 q_2^0$</td><td>0+0+0+0+0=
=0</td><td>0+0+0+0+0=
=0</td><td>1+1+0+0+0=
=2</td><td>2+1+1+0+0=
=4</td><td>1+0+0+0+0=
=1</td><td>0</td></tr>
<tr><td>$p_2^0 q_2^2$</td><td>1−0=
=1</td><td>4−0=
=4</td><td>6−4=
=2</td><td>4−4=
=0</td><td>1−1=
=0</td><td>2</td></tr>
<tr><td>$p_2^1 q_2^1$</td><td>2−0=
=2</td><td>8−0=
=8</td><td>12−6=
=6</td><td>8−8=
=0</td><td>2−2=
=0</td><td>1</td></tr>
<tr><td>$p_2^2 q_2^0$</td><td>1−0=
=1</td><td>4−0=
=4</td><td>6−2=
=4</td><td>4−4=
=0</td><td>1−1=
=0</td><td>0</td></tr>
<tr><td></td><td>$p_1^4 q_1^0$</td><td>$p_1^3 q_1^1$</td><td>$p_1^2 q_1^2$</td><td>$p_1^1 q_1^3$</td><td>$p_1^0 q_1^4$</td><td></td></tr>
</table>

Abb.48

Den Ablauf des Eintragens lesen wir aus Abb.48 ab. Zunächst vermerken die Teilfelder für den Ausfall im oberen Abschnitt die Beiträge eines Summanden nach dem anderen; das Auflisten in einer Zeile erfordert es, jede Stelle durch eine Null zu kennzeichnen, an die wir eigentlich nichts einzutragen hätten, damit wir die Reihenfolge auseinanderhalten. Die Summe liefert dann die Belegungszahlen für das Versagen der Anordnung.

Im unteren Teil, dem erfolgreichen Arbeiten des Systems zugeordnet, stehen als erste die maximalen Belegungszahlen; von ihnen ziehen wir die für den Ausfall ab. Das Ergebnis deutet wieder auf die innere Symmetrie der Anordnung hin.

Die Ausfallwahrscheinlichkeit bestimmen wir aus dem Versagensbereich, indem wir die Werte spaltenweise zusammenfassen:

$$P_F = p_1^2 q_1^2 (2p_2^2 + 6p_2 q_2 + 4q_2^2) + p_1 q_1^3 (4p_2^2 + 8p_2 q_2 + 4q_2^2) + q_1^4 (p_2^2 + 2p_2 q_2 + q_2^2)$$

In den beiden letzten Spalten erreichten die Angaben die maximalen Belegungszahlen. Aus diesem Sachverhalt folgt, daß die beiden letzten Klammern als vollständige binomische Ausdrücke in p und q zu den Zahlen Vier und Eins zusammenschrumpfen. Umgerechnet in Ausfallwahrscheinlichkeiten erhalten wir:

$$P_F = 2q_1^2 - q_1^4 + (2q_1^2 - 4q_1^3 + 2q_1^4)q_2.$$

Den Einfluß der Schaltglieder C und D vermögen wir jetzt gesondert zu beurteilen; sie können die Ausfallwahrscheinlichkeit allenfalls halbieren, sofern sie sehr zuverlässig sind.

4.8.6   Gleiche Bauteile in vielen unterschiedlichen Gruppen

Die Vorgehensweise läßt sich nun leicht auf Anordnungen übertragen, deren Komponenten sich in eine größere Anzahl von Gruppen gliedern; innerhalb jeder Sorte sei das Ausfallverhalten der in ihr vertretenen Bauteile einander gleich. Wie beim Übergang von einer Gruppe zu zweien sind die Dimensionen in der erforderlichen Weise zu erhöhen. Graphische Darstellungen werden zunehmend unübersichtlich, wenn die Anzahl der Dimensionen über die Zahl Zwei hinaus anwächst. Da das Verfahren eindeutig festliegt, können wir einen Algorithmus aufbauen, der die rechentechnische Aufgabe übernimmt, die Belegungszahlen zu bestimmen. Mit Hilfe dieser Zahlen ist dann die Ausfallwahrscheinlichkeit der untersuchten Anordnung zu berechnen. Indem wir die verschiedenen Dimensionen auf eine abbilden und die Indexrechnung selber verwalten, erzeugen wir ein Programm, das sich allgemein anwenden läßt. Wir sparen neben Rechenzeit auch Speicherplatz, wenn sich das Programm die Dimensionen eigenständig nach Bedarf festlegt und nicht auf vorgegebene Werte angewiesen ist.

Bei j Gruppen mit je n_1, n_2,..., n_j Mitgliedern, die sich insgesamt zu einer Anzahl von k Komponenten aufsummieren, haben wir an Stelle der ursprünglich 2^k elementaren Ereignisse nur noch deren $(n_1+1)(n_2+1)...(n_j+1)$ Stellvertreter zu behandeln; die Belegungszahlen sagen uns, wieviele der elementaren Ereignisse sie vertreten. Trotz der in manchen Fällen drastischen Reduzierung

kann sich auch diese Zahl noch als übermächtig erweisen. Der
begrenzte Speicherplatz im Rechner und der Zeitbedarf zum Lösen
der Differentialgleichungs-Systeme, die wir im Kapitel 6 aufstellen werden, sie setzen uns Grenzen, die wir bei unserem Vorhaben nicht überschreiten können.

Da allem Anschein nach die exakten Methoden ausgeschöpft sind,
sucht man mit Näherungen weiterzukommen. Von ihnen haben wir
eine im vorherigen Abschnitt 4.7 kennengelernt. Das Verfahren
dieses Abschnittes bietet uns eine neue Handhabe; indem wir möglichst viele Gruppen derart vereinen, daß wir ihre Mitglieder in
die Gruppe mit der höchsten Ausfallwahrscheinlichkeit verlegen,
erzeugen wir ein Ersatzsystem. Gegenüber der ursprünglichen Anordnung weisen wir in ihm einigen Komponenten eine höhere Ausfallwahrscheinlichkeit zu und erhalten damit auch eine höhere
Ausfallwahrscheinlichkeit des Systems. Sie ist eine obere Grenze
für die eigentlich zu untersuchende Anordnung und damit eine
konservative Abschätzung. Durch unterschiedliches Zusammenlegen
verschiedener Gruppen können wir zahlreiche Näherungen erzeugen
und von ihnen den kleinsten Wert aussuchen. Eine Abgrenzung zur
anderen Seite erhalten wir, wenn wir allen Komponenten die
kleinste Ausfallwahrscheinlichkeit der zusammengelegten Gruppen
zuweisen; so gewinnen wir eine Aussage über die Güte unserer
Näherungen.

4.9 Aufteilen großer, komplizierter Anordnungen

4.9.1   Die Ausgangslage

Die Ausfallwahrscheinlichkeit so einfacher Anordnungen, wie wir
sie in Kapitel 3 untersuchten, läßt sich ohne Mühe berechnen.
Gehen wir davon aus, daß wir wegen der begrenzten Stellenzahl im
Rechner stets Ausfallwahrscheinlichkeiten bestimmen, dann finden
wir in der rekursiven Anweisung (3.07) für Reihenanordnungen wie
in der Produktformel (3.15) für Parallelanordnungen geeignete
Vorschriften, die sich als verhältnismäßig unempfindlich gegen

Rundungsfehler erweisen; insbesondere eignet sich die rekursive Anweisung für kleine Wahrscheinlichkeiten, weil dann das negative Glied stets von kleinerer Größenordnung ausfällt als die positiven Beiträge. Die Summe für r aus n Anordnungen nach der Anweisung (3.22) enthält nur positive Glieder. Allenfalls könnten Probleme bei dem Wert $(1-q)^{n-j}$ auftreten; sie bestimmen das Ergebnis jedoch nur unwesentlich, weil der begleitende Faktor q^j die Größenordnung festlegt.

Das Konzept der minimalen Wege und Schnitte und die daraus abgeleiteten Verfahren eignen sich grundsätzlich für alle Anordnungen. Wie beurteilen wir aber den folgenden Fall? Vorgelegt sei eine vierfache Parallelreihenanordnung zu je 32 verschiedenen Komponenten; die Rechnung müßte vier minimale Wege mit je 32 Faktoren oder 32^4 ($\approx 10^6$) Schnitte mit je vier Faktoren behandeln. Das Zerlegen in einander ausschließende Summanden würde ihre Anzahl weit über die der minimalen Schnitte wachsen lassen. Für eine sinnvolle Näherung auf der Grundlage der Schnittsummen müßte die Ausfallwahrscheinlichkeit der einzelnen Komponente noch um einiges kleiner sein als $3 \cdot 10^{-2}$. Demgegenüber und ebenso im Vergleich zur Gruppenbildung der elementaren Ereignisse erscheinen die Rechenmethoden für Reihen-Parallel-Anordnungen bei weitem einfacher. Wenn wir also Ausfallwahrscheinlichkeiten berechnen, werden wir, soweit möglich, stets diese einfachen Formen bevorzugen.

Die minimalen Schnitte eines vollständigen Systems erweisen sich hingegen dann von Vorteil und Nutzen, wenn man weniger nach dem Wert der Ausfallwahrscheinlichkeit fragt, als beispielsweise verlangt, daß das Versagen einer einzelnen Komponente noch keinen Systemausfall hervorruft, sondern daß mindestens ein zweiter Ausfall hinzutreten muß. Jeder minimale Schnitt hat dann wenigstens zwei Faktoren aufzuweisen. Dabei orientiert man sich nicht so sehr an den jeweiligen Wahrscheinlichkeiten, mit denen ein solcher Fall zu erwarten ist, als vielmehr an der Zahl der Störungen. Es kann dann natürlich vorkommen, daß ein gewisser dreifacher oder mehrfacher Fehler mit weit höherer Wahrscheinlich-

keit eintritt als die betrachteten zweifachen Ausfälle. Das gilt
in gleicher Weise, wenn man Fehlerfreiheit bei zwei oder noch
mehr Komponentenausfällen fordert. Da wir weiterhin unser Bemühen richten wollen auf das Bestimmen der Zuverlässigkeit, indem
wir die Ausfallwahrscheinlichkeit berechnen, werden wir Schnitte
nur in den Fällen benötigen, in denen wir auf keine andere Weise
die Berechnung durchführen können.

Damit stehen wir vor der Aufgabe, ein System zu zergliedern,
dessen Struktur als Blockdiagramm, als Zuverlässigkeitsgraph
oder als logische Schaltung gegeben ist. Wir haben es so zu zerlegen, daß auf jeder Stufe bekannt ist, ob eine weitere Berechnung nach den Regeln für Reihen- oder Parallelanordnungen erfolgen darf, oder ob andere Vorgehensweisen erforderlich sind. Über
einen Ansatz zu diesem Vorhaben berichten Birnbaum und Esary
[09]. Sie zerlegen eine vollständige Anordnung in "maximal modular sets" und "modular factors". Ihr Vorgehen erscheint uns
jedoch für unsere Anwendungsfälle nicht geeignet; sie geben kaum
Hinweise für eine praktische, schnell durchführbare Berechnung.

4.9.2   Wie gehen wir vor?

Einen Fehlerbaum sehen wir als Graphen an, bestehend aus Knoten
und Kanten. Die Knoten sind neben den Grundereignissen die Gatter, welche den logischen Verknüpfungsoperationen entsprechen.
Die Kanten verbinden die Eingänge der Gatter mit den Ausgängen
anderer Gatter oder mit den Grundereignissen, die das Versagen
der Komponenten angeben. Von ihnen gehen Kantenzüge aus, die
beim obersten Gatter, der Wurzel des Fehlerbaumes (auch: top
event) enden; hier lesen wir das unerwünschte Ereignis ab. Nach
dieser Festlegung stehen Fehlerbäume auf dem Kopf, d.h. die
Wurzel befindet sich an der Spitze, so wie wir es in den Beispielen bereits sahen. Von der Wurzel gehen Äste aus, die sich
in den folgenden Knoten gabeln und weiter verzweigen. Sie führen
bis zu den Grundereignissen, die wir als Blätter bezeichnen, die
bildhafte Sprache fortsetzend. Sollten Gatter mit Negierungen

auftreten, dann gehen wir nach dem Theorem von de Morgan vor und reichen die Negierung von oben nach unten bis zu den Blättern weiter, indem wir die Operationen der nachgeordneten Gatter austauschen.

Wir gehen davon aus, daß uns ein Fehlerbaum vorgelegt sei; die anderen Abbildungsarten lassen sich in eine solche Darstellung umformen. Weiterhin nehmen wir an, daß dieser Fehlerbaum so weit aufgeschlüsselt ist, daß zwischen den Komponenten keine Abhängigkeit mehr besteht. Im Blockdiagramm mehrfach aufgeführte Komponenten oder Teilsysteme können im Fehlerbaum ebenfalls vielfach auftreten. Statt dessen geben wir die wiederholten Teile nur einmal an und nehmen dabei in Kauf, daß Blätter mit zwei Stielen an verschiedenen Zweigen hängen oder daß Gatter mit mehreren Ausgängen als ein Zweig zugleich von mehreren Ästen ausgehen, d.h. wir erlauben Ästen und Zweigen, nach einer Gabelung wieder zusammenzuwachsen. Innerhalb des Baumes bilden sich dann eine oder mehrere Maschen aus, die zu mehr oder weniger umfangreichen Netzen zusammenwachsen können. Dieser Vorstellung wollen wir weiterhin folgen. Im Sinne der Graphentheorie handelt es sich dann nicht mehr um einen Baum und auch der Begriff der Wurzel ist hinfällig, weil es innerhalb der Struktur geschlossene Kantenzüge gibt; man müßte eigentlich von einem Verband reden. Im Rahmen von Zuverlässigkeitsuntersuchungen hat man die ursprünglich enger gefaßten Kennzeichen eines Baumes im Laufe der Zeit offensichtlich aufgegeben, so daß wir mit der weiteren Verwendung der Bezeichnung Fehlerbaum nicht der strengen Definition der Graphentheorie folgen.

Fehlerbäume oder ihre Teile wie Äste und Zweige können wir genau dann nach den einfachen Regeln der Reihen- oder Parallelanordnungen berechnen, wenn sie keine Maschen und somit auch keine Netze enthalten, wenn es sich also um echte Bäume im Sinne der Graphentheorie handelt; dies gilt auch für Teilsysteme innerhalb von Maschen. Jede isolierte Masche, die wir nicht umformen können, und jedes zusammenhängende Netz aus Maschen, die gemeinsame Kanten haben, müssen wir mit anderen Mitteln angehen; vorzugs-

104

weise wenden wir auf sie das Gruppierungsverfahren an. Um eine
möglichst weitgehende Aufteilung zu erreichen, lassen wir als
Faktoren in den elementaren Ereignissen außer den einzelnen Komponenten auch abspaltbare Teilsysteme zu. Neben der wünschens-
werten Aufgliederung des Systems in leichter berechenbare Ab-
schnitte gewinnen wir damit zusätzliche Möglichkeiten, Ersatz-
systeme für angenäherte Berechnungen noch besser an die wahren
Verhältnisse anzupassen, indem wir Komponenten oder Teilsysteme
nicht nur durch einzelne Komponenten ersetzen, sondern neue
Strukturen einführen, die zu noch enger sich anschmiegenden
Näherungen führen.

4.9.3   Ein Beispiel

An einem neuen Beispiel zeigen wir, wie das Aufteilen vorzuneh-
men ist. Für eine kleine Weile stellen wir noch die Aufgabe zurück, in einem rechentechnischen Verfahren Maschen und Netze von
den einfachen Strukturen zu trennen, und setzen zunächst in
naiver Anschauung unsere optischen Fähigkeiten ein, die uns
geschlossene Kantenzüge erkennen lassen. Abb.49 zeigt einen
Fehlerbaum in dem erweiterten Sinne, den wir gegenüber der Graphentheorie zulassen. Die Gatter, fortlaufend durchnumeriert,

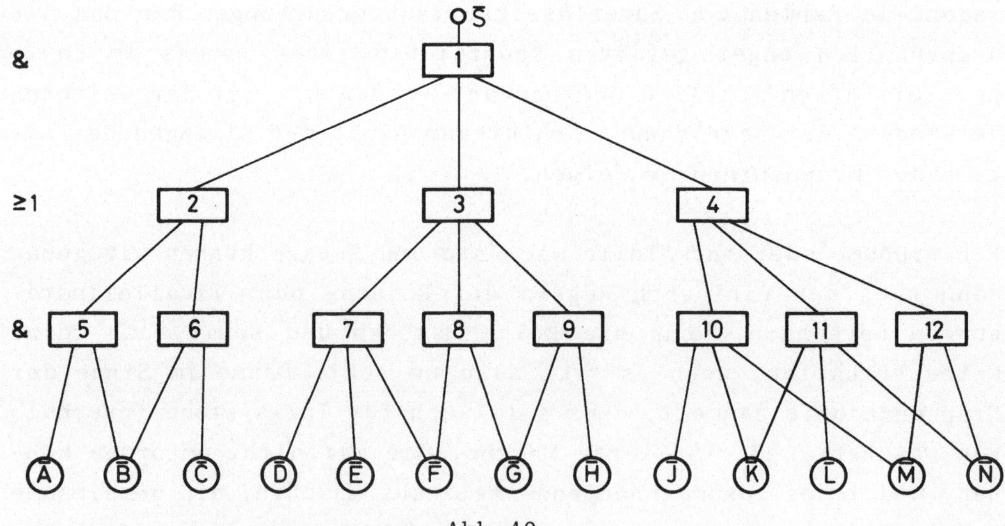

Abb.49

führen die am linken Rand verzeichneten Operationen aus; die Komponenten benennen wir in gewohnter Weise mit großen Buchstaben, Bezeichnungen wie I oder O vermeidend, die zum Verwechseln Anlaß geben könnten.

Von allen drei Gattern der zweiten Zeile gehen Maschen oder Netze aus. Die erste Masche, die zum Gatter 2 gehört, läßt sich durch Umformen nach der Beziehung

$$\overline{A}\overline{B} + \overline{B}\overline{C} = \overline{B}(\overline{A} + \overline{C})$$

auflösen, indem wir das Bauteil B zum Gatter 1 führen, statt auf die Gatter 5 und 6, die dann entfallen.

Von Gatter 3 geht ein Netz aus mit zwei Maschen, von denen sich die linke oder die rechte vermeiden läßt, nicht aber beide zugleich; das Umformen dieses Netzes auf eine Masche bringt keine merkliche Erleichterung. Wenn die Komponenten D wie auch E in ihren Daten nicht mit den anderen Bauteilen dieses Netzes übereinstimmen, kann es sich jedoch als sinnvoll erweisen, sie für sich außerhalb des Netzes in einem zusätzlichen 'und' Gatter zusammenzufassen, das wir nach den einfachen Regeln berechnen dürfen. Einschließlich dieser Teilstruktur hat das Netz dann vier Eingänge, während es vorher fünf waren.

Das letzte Netz des Fehlerbaumes, es geht aus von Gatter 4, können wir in keiner Weise vereinfachen, auch lassen sich keine einfachen Teilsysteme abspalten; wir müssen es nehmen, wie wir es vorfinden.

Da wir nicht erwarten können, daß jeder vorgelegte Fehlerbaum von vornherein die günstigste Form aus der Sicht des numerischen Auswertens aufweist, sorgen wir in unserem Programmsystem für Routinen, die ihn umrechnen, die ihn so umformen, daß die weiteren Rechnungen möglichst geringen Aufwand erfordern. So lassen wir einen weiten Spielraum, den Entwurf des Fehlerbaumes den technischen Gegebenheiten anzupassen, und vermeiden jedweden Zwang, der die Überlegungen des Entwicklers stören könnte.

4.9.4   Was hat Ariadne mit unserer Aufgabe zu tun?

Maschen und Netze von den einfachen Strukturen zu isolieren, verbleibt als letzte Aufgabe. Wir suchen ein Verfahren, das wenig Zeit erfordert. Was wir eben im Beispiel ohne Mühe erkannten, das mag in komplizierteren Bäumen nicht ohne weiteres offen liegen. Wenn wir dann mit einem Stift die Verbindungen nachfahren, ahmen wir die List Ariadnes nach; so verfahren wir auch im selbsttätig ablaufenden Programm.

In mehrfacher Listentechnik, nicht hauptsächlich nach unserem antiken Vorbild so genannt, sondern weil wir einfache und gestaffelte Verzeichnisse der Ein- und Ausgänge aller Gatter, der Zuordnungen der Komponenten wie auch der Markierungen und der aktuellen Positionen verwenden, in vielfacher Listentechnik also legen wir zwei 'Ariadne-Fäden' in dem Graphen des Fehlerbaumes aus. Den ersten führen wir, von der Wurzel ausgehend, durch Äste und Zweige bis zu den Blättern. Treffen wir dabei auf ein Gatter oder auf ein Bauteil, das auf Eingänge verschiedener anderer Gatter führt, dann legen wir von hier aus den zweiten der 'Fäden' auf den verbleibenden Verbindungen in der Richtung zur Wurzel aus. Wir schließen die Masche in dem Gatter, in dem wir den ersten 'Faden' wiederfinden, und kennzeichnen alle Gatter auf dem Maschenrand; der Treffpunkt ist oberstes Gatter für die Berechnung der Masche.

War vorher bereits eines der Gatter markiert, dann gehört die neue Masche zu dieser alten Markierung und wird Teil des Netzes, das wir so kennzeichneten. Von allen Gattern eines Netzes liegt genau eines näher an der Wurzel des Fehlerbaumes als alle anderen; es ist der höchste aller beteiligten Operatoren und oberstes Gatter für die Berechnung des Netzes. Führen wir die Suche mit dem ersten und auch dem zweiten 'Faden' systematisch über alle möglichen Verbindungen durch, dann haben wir alle Netze und sämtliche Maschen gefunden. Es bleiben über die einfachen Strukturen der mehrfach gestaffelten Reihen- und Parallelanordnungen.

4.10 Zum Üben

1) Gegeben ist der Zuverlässigkeitsgraph nach Abb.50. Bestimmen Sie:
   a) die minimalen Wege,
   b) die minimalen Schnitte und
   c) aus den minimalen Wegen und den
   minimalen Schnitten jeweils Summen
   sich gegenseitig ausschließender

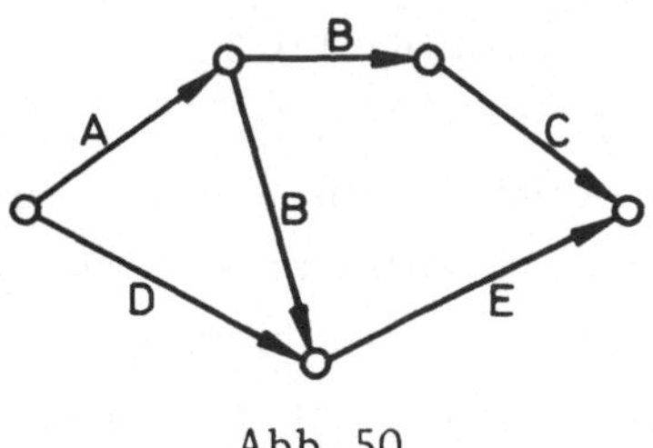

Abb.50

Glieder. Vergleichen Sie die erste Näherung für die Ausfallwahrscheinlichkeit mit der exakten Lösung. Wenden Sie ferner
das Gruppierungsverfahren an, indem Sie einmal alle Komponenten als gleich ansehen und zum anderen annehmen, das Bauteil
B sei mit anderer Ausfallwahrscheinlichkeit ausgestattet als
die sonstigen Einheiten.

2) Auf die Anordnung in Abb.51, systematisch gegenüber Abb.41
   erweitert, können Sie wie oben der Reihe nach sämtliche Verfahren anwenden und je nach Eifer Ihre Fähigkeiten erproben.

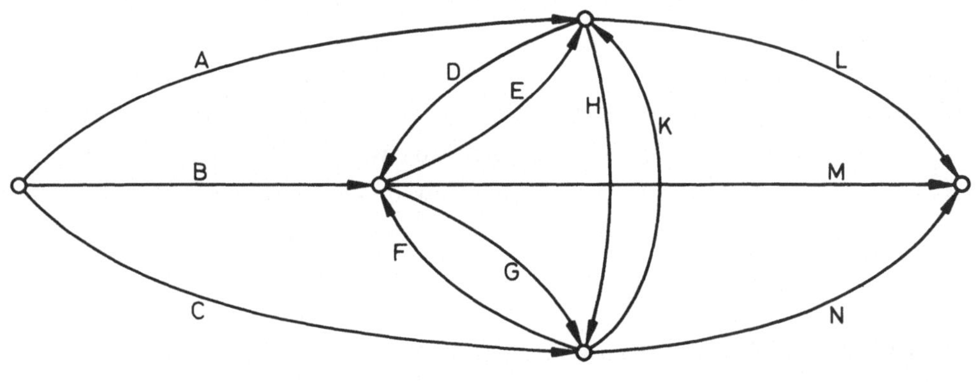

Abb.51

3) Falls Ihnen die obigen Beispiele zum Üben nicht ausreichen:
   Rechnen Sie den Fehlerbaum nach Abb.49 (S.104) durch, oder
   wählen Sie selber nicht allzu komplizierte Anordnungen, oder
   noch besser: schreiben Sie ein Programm, das solche Aufgaben
   löst.

5 Zuverlässigkeit im zeitlichen Verlauf

5.1 Einführendes

Bislang haben wir uns um das Bestimmen der Zuverlässigkeit bemüht, indem wir untersuchten, wie wir die Ausfallwahrscheinlichkeit zu berechnen haben und dabei den Klippen ausweichen, die
unser Vorhaben gefährden könnten. Mit keinem Wort gingen wir ein
auf den Anspruch in allen Definitonen, daß die Zeit eine wesentliche Rolle spielt, wenn wir derartigen Fragen nachgehen.

So werden wir von einem neu gekauften Auto erwarten, daß es eine
nicht unbeträchtliche Zeitspanne ohne Fehler seinen Dienst versieht. Von Ausnahmen abgesehen, Anwärtern auf die vom ADAC ver-
liehene 'silberne Zitrone', ist das in der Regel der Fall. Ganz
anders sieht es aus, wenn wir fragen: Wie leistungsfähig ist das
Fahrzeug in hundert Jahren? Sehen wir ab von einigen 'Antiquitä-
tensammlungen', so werden wir nicht mehr die gleichen Erwartungen hegen. Daraus erkennen wir, daß die Zuverlässigkeit im Laufe
der Zeit bis auf den Wert Null abnimmt.

Derartige Erfahrungen haben wir in unser bisheriges Konzept ein-
zufügen, um die reale Welt richtig zu beschreiben, um den tatsächlichen Verhältnissen gerecht zu werden. Was wir uns bis
jetzt erarbeitet haben, ist nicht umsonst gewesen; wir brauchen
es lediglich in geeigneter Weise zu erweitern.

5.2 Zufällige Variable und ihre Funktionen

5.2.1 Abgrenzen der Aufgabe

Um den zeitlichen Ablauf in die Zuverlässigkeitsuntersuchungen
aufzunehmen, schließen wir uns hier einer speziellen Betrachtungsweise an, zugleich das Fundament für das nächste Kapitel
bereitend; sie bedient sich der Ausfallraten als Ansatz, wenn

sie das zeitliche Verhalten des Versagens von Komponenten oder Systemen festlegt oder beschreibt. Neben der Rate stehen: die Verteilungsfunktion der Ausfälle, sie gibt die Ausfallwahrscheinlichkeit zu jedem Zeitpunkt an, deren Einerkomplement, die ebenso vom Ablauf der Zeit abhängende Zuverlässigkeit, und die Ausfalldichte. Sie alle enthalten die gleiche Information; eine jede der genannten Funktionen ist durch eine der anderen vollständig bestimmt und läßt sich aus ihr berechnen.

5.2.2 Verteilungsfunktion der Ausfälle

Betrachten wir zunächst die Verteilungsfunktion der Ausfälle, die wir $F_F(t)$ nennen. Der Großbuchstabe F ist seit je für Verteilungsfunktionen gebräuchlich; der Index mag für Fehler oder 'failure' stehen. Bezeichnen wir mit τ den zufälligen Zeitpunkt, zu dem eine Komponente ausfällt, so ist

$$F_F(t) = P(\tau < t) \tag{5.01}$$

die Wahrscheinlichkeit, mit der das Versagen bereits vor der Zeit t eintritt. In manchen Festlegungen schließt man diesen Zeitpunkt auch ein; solange wir keine sprunghaften Änderungen betrachten, wenn wir also von stetigen Funktionen ausgehen, brauchen wir uns um diesen Unterschied nicht zu kümmern. Sprünge würden bedeuten, daß sich die Ausfallwahrscheinlichkeit und mit ihr die Zuverlässigkeit zu bestimmten Zeiten schlagartig ändert, daß wir gerade zu diesen Zeitpunkten in hohem Maße mit Ausfällen zu rechnen hätten.

Die Wahrscheinlichkeit auf der rechten Seite von (5.01) können wir auf mehrere Zeitabschnitte verteilen, nur in einem kann der Ausfall eintreten: die Ereignisse, die wir so aufsummieren, schließen einander aus:

$$F_F(t) = P(\tau < t) = P(\tau < t_x) + P(t_x \leq \tau < t), \; t_x < t.$$

Weil Wahrscheinlichkeiten den Wert Null nicht unterschreiten, weist die Verteilungsfunktion der Ausfälle, wie es sich für jede

Verteilungsfunktion gehört, einen monoton nicht abnehmenden Verlauf vor; in vielen Fällen nimmt sie dabei alle Werte zwischen Null und Eins an. Wir reden dann von einer kontinuierlichen Verteilung. Bei diskreten Verteilungen kann ein betrachtetes Ereignis nur zu einzelnen Zeitpunkten eintreten, nicht aber in den Zwischenräumen. Vielfältige Mischformen stehen zwischen diesen beiden Grenzfällen. Die Zeitzählung lassen wir in aller Regel so beginnen, daß bei t=0 noch keine Ausfälle eingetreten sind. Mithin weisen wir der Ausfallwahrscheinlichkeit und ebenso der Verteilungsfunktion zu Beginn den Wert Null zu.

5.2.3 Zuverlässigkeit

Die Zuverlässigkeit als Zeitfunktion bezeichnen wir mit $R(t)$ und bringen damit erneut zum Ausdruck, daß wir uns der angloamerikanischen Festlegung bedienen; in der deutschen Norm entspricht dieser Größe der Begriff 'Überlebenswahrscheinlichkeit'. Mit

$$R(t) = 1 - F_F(t) \qquad\qquad (5.02)$$

ist unsere Zuverlässigkeit eine monoton nicht wachsende Funktion; sie gibt die Wahrscheinlichkeit an, mit der eine Komponente zur Zeit t noch ihren Dienst versieht. Solange keinerlei Versagen eintritt, wie wir es für $t \leq 0$ verlangten, verbleibt diese Funktion auf der Höhe Eins.

5.2.4 Ausfalldichte

Mit $f_F(t)$ bezeichnen wir die Dichte der Ausfälle. Der Kleinbuchstabe kennzeichnet sie als Ableitung der Verteilungsfunktion:

$$f_F(t) = \frac{dF_F(t)}{dt} = -\frac{dR(t)}{dt} \qquad\qquad (5.03)$$

Zwischen zwei Zeitpunkten bemißt die Fläche unter der Kurve die Wahrscheinlichkeit, mit der ein Versagen in dieser Zeitspanne eintritt.

5.2.5   Ausfallrate

Die Ausfallrate bezieht die Dichte auf die Zuverlässigkeit:

$$z(t) = \frac{f_F(t)}{R(t)} = \frac{f_F(t)}{1 - F_F(t)} . \tag{5.04}$$

Was bedeutet das? Nehmen wir an, wir hätten eine Reihe von Bauteilen, ein Ensemble, zu prüfen. In einem Kasten legen wir sie so ab, daß zur Zeit t alle ausgefallenen Komponenten links von

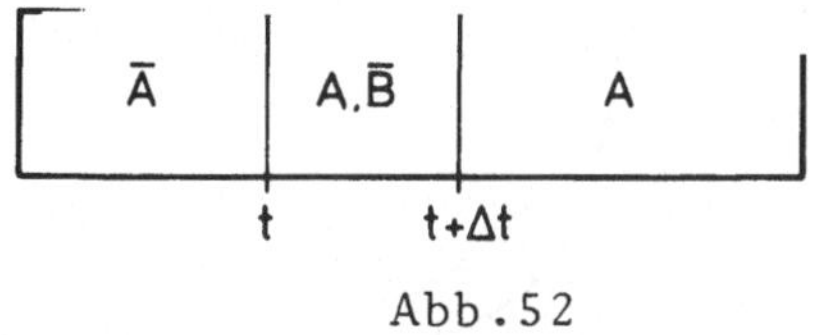

Abb.52

der Zeitgrenze liegen, wie in Abb.52 durch $\bar{A}$ angedeutet; rechts verbleiben die noch arbeitsfähigen. Im folgenden Zeitabschnitt Δt wandert die Grenze weiter, weil zusätzliche Einheiten versagen, die bislang noch ihren Dienst versahen; wir bezeichnen sie mit $\bar{B}$. Es ist also $\bar{B} \subseteq A$. Mit diesen Bezeichnungen gelten die folgenden Zuordnungen:

$P(\bar{A}) = F_F(t)$,   Wahrscheinlichkeit des Ausfalls bis zum Zeitpunkt t,

$P(A) = 1 - F_F(t) = R(t)$, Wahrscheinlichkeit, daß bisher keinerlei Versagen eintrat und

$P(\bar{B}) = f_F(t)\Delta t = P(A\bar{B})$, Wahrscheinlichkeit des Ausfalls in der Zeitspanne Δt.

Damit kennen wir alle Zutaten, aus denen wir die bedingte Wahrscheinlichkeit

$$P(\bar{B}/A) = \frac{P(A\bar{B})}{P(A)} = \frac{f_F(t)\Delta t}{1 - F_F(t)} = z(t)\Delta t$$

zusammensetzen. Die Fläche unter der Kurve der Ausfallrate sagt uns also, mit welcher Wahrscheinlichkeit eine Komponente im kommenden Zeitabschnitt ausfallen wird, wenn sie bislang ihren Dienst ohne Störungen versehen hat.

Aus recht allgemeiner Erfahrung, zu der viele verschiedene Produkte mit mancherlei Eigenarten einen Beitrag leisteten, hat es
sich eingebürgert, die Ausfallrate zu skizzieren, wie es Abb.53
zeigt. Wegen des steilen Falls am Anfang, verbunden mit dem flachen Verlauf im mittleren Teil wie auch dem sanften Anstieg im

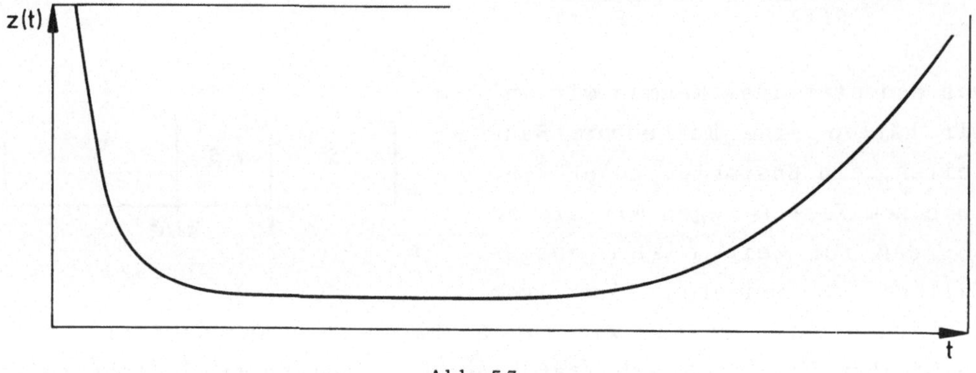

Abb.53

auslaufenden Bereich, nannte man sie die 'Badewannenkurve'.
Kritiker behaupten, daß bisher niemand diesen Verlauf für einen
einzelnen Komponententyp gemessen habe. Demgegenüber ist anzumerken, daß der grundsätzlich mögliche Verlauf gezeigt werden
soll. Seine Anteile prägen sich bei verschiedenen Erzeugnissen
in unterschiedlicher Weise aus; manchmal ändert sich die Ausfallrate kaum, während bei anderen Produkten der fallende oder
der steigende Verlauf vorherrscht.

Der Anfangsbereich erfaßt die Frühausfälle, die in der Regel auf
Einflüsse ungenauer Fertigung und auf Materialfehler zurückzuführen sind. Wo diese Fehlerart häufiger auftritt, sucht man sie
durch mehr oder weniger lange dauernde Probeläufe für jedes einzelne Erzeugnis noch im Bereich der Endmontage aufzudecken und
zu beheben. So verlegt man den Frühausfall durch 'Einbrennen' in
die Zeit, bevor man sein Produkt an den Kunden ausliefert, erspart ihm Ärger und vermehrt sein eigenes Ansehen. Nebenbei entspringt dieses Verhalten einer kühlen Kalkulation: es kann sich
als wirtschaftlicher erweisen, sämtliche Geräte einem Probelauf
zu unterziehen, als qualifiziertes Personal für eine Vielzahl
von Reparaturen in weiter räumlicher Streuung bereitzuhalten.

Im Endbereich spricht man von Verschleiß- oder Abnutzungsausfäl-
len. Die dauernde Beanspruchung verursacht bei einigen Komponenten eine stetige Abnahme der Gebrauchstauglichkeit. Beispielsweise ist ein Bremsbelag geradezu darauf ausgelegt, es gehört zu
seiner Aufgabe, sich bei jeder Betätigung abzunutzen und aufzu-
brauchen; in weiterem Sinne kann man ihn den Betriebsmitteln
wie Kraftstoff oder Schmiermittel zuordnen. Solche und andere
Vorgänge, bei denen Abnutzung oder Ermüdung eine Rolle spielt,
sie führen dazu, daß eine Komponente mit zunehmendem Alter auch
in wachsendem Maße vom Ausfall bedroht ist; damit steigt die
Ausfallwahrscheinlichkeit an für die Bauteile, die bislang ihre
Funktionsfähigkeit erhalten konnten.

Im mittleren Teil mit seinem flachen Verlauf pflegt man von
Zufallsausfällen zu reden. Dieser Ausdruck mag irreführend wirken: die Ausfälle am Anfang und am Ende unterliegen ebenso dem
Zufall wie die in der Mitte. Wenn hier in unzutreffend abheben-
der Weise das Wort Zufall in die Bezeichnung einfließt, dann
liegt es daran, daß eine nachträgliche Analyse der Ausfälle in
diesem Gebiet die verschiedensten Ursachen zutage fördert, während die Diagnose bei Frühausfällen in aller Regel einheitlich
Material- oder Fertigungsfehler und bei steigender Ausfallrate
Verschleiß als gemeinsames Grund- und Hauptübel aufdeckt.

Obwohl der festgestellte Mangel mit der nachträglich aufgedeck-
ten Ausfallursache die kurze oder die lange Lebensdauer als
zwangsläufiges Geschehen erscheinen läßt, kann dennoch niemand
zu Beginn die Lebenszeit genau nennen, weil von vornherein eben
nicht bekannt ist, welches Schicksal eine individuelle Komponente erleiden wird. Man kann lediglich feststellen: mit gewisser Wahrscheinlichkeit wird sie früh, mit anderer spät ausfallen
oder sonst auch eine mittlere Lebensdauer erreichen. So wie der
Mittelwert einer Verteilung eine charakteristische Größe des
zugehörigen statistischen Vorganges ist, der seinen Wert wohl
auch aus einer Hauptursache ableiten mag, ganz ebenso müssen wir
Früh- und Spätausfälle als charakteristische Formen eines einheitlichen Zufallsprozesses ansehen.

Weil die Ausfalldichte aus der Zuverlässigkeit nach (5.03) als negativer Differentialquotient hervorgeht, stellt die Rate nach (5.04) die negative Ableitung des Logarithmus der Zuverlässigkeit dar. Indem wir integrieren, gewinnen wir:

$$R(t) = \exp\left\{ -\int_0^t z(u)du \right\}. \qquad (5.05)$$

Bei der unteren Grenze des Integrals haben wir unsere Vereinbarung beachtet, daß Ausfälle erst mit Beginn der Zeitzählung einsetzen. Die Verteilungsfunktion, als Einerkomplement, und die Dichte, als negative Ableitung, sie führen wir mit unserem Ergebnis ebenfalls auf die Ausfallrate zurück.

5.2.6 Mittlere Zeit bis zum Ausfall

Erwartungswert, Mittelwert oder erstes Moment bezeichnen denselben Kennwert einer Verteilung. Von dem Ausdruck 'mean time to failure' stammt das Kurzzeichen MTTF; es steht ebenfalls für diese Größe, wenn wir den zeitlichen Ablauf des Ausfallgeschehens behandeln. Sein Wert sagt uns: diese Zeit versieht das Erzeugnis durchschnittlich seinen Dienst ohne Fehler. In die Definitionsgleichung fügen wir sogleich die Zuverlässigkeit als negative Stammfunktion der Dichte ein, und integrieren teilweise:

$$MTTF = +\int_0^\infty t f_F(t)dt = -tR(t)\Big|_0^\infty + \int_0^\infty R(t)dt. \qquad (5.06)$$

Die untere Grenze des ersten Beitrages liefert stets den Wert Null, weil die Zuverlässigkeit als Wahrscheinlichkeit nicht größer als Eins sein kann. Manchmal liest man, $R(t)$ verschwinde mit wachsendem t schneller als $1/t$; deswegen sei der erste Beitrag völlig zu streichen. Das mag für die meisten Anwendungsfälle stimmen. Als Gegenbeispiel kann man die Rate $z(t)=a/(b+t)$, mit $a>0$ und $b>0$, anführen, für die der erste Summand durchaus nicht immer verschwindet.

Falls der erste Anteil jedoch keinen Beitrag liefert, dann gibt die Fläche unter der Zuverlässigkeitskurve die Zeit an, zu der sich im Mittel Fehler einstellen. Das gilt für alle Raten, die mit wachsender Zeit t weniger stark gegen Null gehen als $1/t$, also etwa $\varepsilon + 1/t$ oder auch $t^{-1+\varepsilon}$, mit beliebig kleinem, positivem ε, welches nicht verschwindet.

Für konstante Raten $z(t)=\lambda$, wie sie dem flachen Teil der 'Badewannenkurve' entsprechen, erhalten wir:

$$MTTF = 1/\lambda. \tag{5.07}$$

Vor einer Umkehrung müssen wir warnen: den Kehrwert der MTTF dürfen wir nur dann als Ausfallrate ansehen, wenn wir zusätzlich wissen, aus Erfahrung oder auf Grund besonderer Beobachtung, daß sie sich im Ablauf der Zeit nicht ändert.

5.3 Die Weibull-Verteilung

5.3.1   Warum diese Verteilung?

Es sind zahlreiche Verteilungsfunktionen bekannt, die sich zum Erfassen der verschiedensten Vorgänge eignen; sie wurden teilweise für die unterschiedlichsten Zwecke konstruiert. Von ihnen wollen wir lediglich die von Weibull angegebene besprechen, welche auch die Exponentialverteilung als Sonderfall enthält. Sofern wir andere benötigen, wie etwa die Normalverteilung, die logarithmische Normalverteilung, die Gammaverteilung oder sonstige, dann werden wir unser Wissen aus der einschlägigen Literatur ergänzen.

Wir begnügen uns an dieser Stelle mit der einen beispielhaften Verteilung, weil wir sie, bei geeigneter Wahl ihrer Parameter, den unterschiedlichsten Verhältnissen anpassen können. Hinzu kommt, daß man einfach mit ihr rechnen kann, weil sie nicht die Kenntnis höherer Funktionen erfordert, wenn man ihre Werte, die ihrer Dichte oder ihrer Rate zu berechnen hat.

5.3.2   Die Ausfallrate

Die Weibull-Verteilung ist dadurch festgelegt, daß die Rate einen einfachen Potenzausdruck darstellt:

$$z(t) = b\lambda(t - a)^{b-1}, \text{ mit } b > 0, \ \lambda > 0 \text{ und } t \geq a. \tag{5.08}$$

Es versteht sich, daß wir die Rate für t<a verschwinden lassen; dieses Gebiet werden wir weiterhin nicht beachten. Der Lageparameter a erlaubt es uns, die Rate wie auch die aus ihr abgeleiteten Funktionen auf der Zeitachse zu verschieben, und entweder mit a<0 Ausfälle bereits vor t=0 eintreten zu lassen, falls wir in besonderen Fällen unsere Vereinbarung aufheben, oder erst zu einem späteren Zeitpunkt, nach einer garantierten Zeit ohne jegliches Versagen. Der Parameter b bestimmt die Gestalt der Kurven, im wesentlichen über den Einfluß in der Potenz, und λ sehen wir als Maßstabsfaktor an.

Den Verlauf der Rate für verschiedene Werte des Parameters b zeigt die Abb.54. Der Verschiebeoperator a ist auf Null gesetzt, während λ als Maßstabsfaktor stets auf Eins verbleibt. Den Einfluß der beiden Größen vermögen wir leicht abzuschätzen. Der Gestaltparameter b liegt zwischen 0,5 und 3, so daß die Potenz in (5.08) die Werte von -0.5 über 0 und +0,5 bis zu 1 und 2 erreicht.

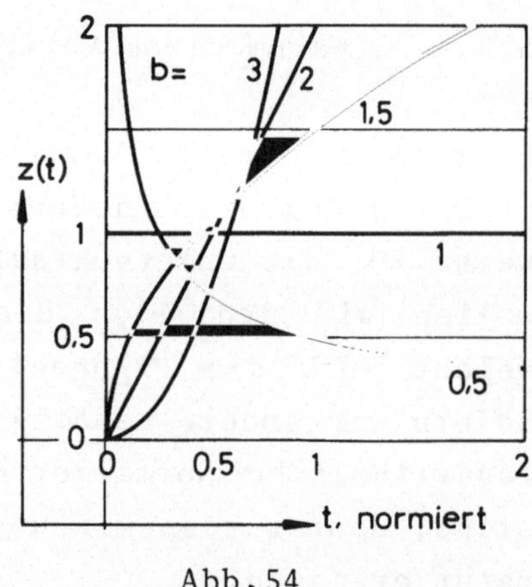

Abb.54

So erzeugen wir eine breite Palette von fallenden, gleichbleibenden wie auch wachsenden Raten. Unter ihnen hat insbesondere der unveränderliche Verlauf (b=1) herausgehobene Bedeutung. Komponenten dieser Art altern nicht: sie fallen im kommenden Zeitabschnitt dt zu jeder Zeit t mit stets derselben Wahrscheinlichkeit aus, sofern sie nur bis dahin arbeitsfähig geblieben sind.

5.3.3   Die Zuverlässigkeit

Nach (5.05) leiten wir durch Integration über die Rate die Zuverlässigkeit ab zu:

$$R(t) = \exp\left\{-\lambda(t - a)^b\right\},\qquad\qquad (5.09)$$

aus der wir als Ergänzung zur Eins die Verteilungsfunktion der Ausfälle gewinnen.

Es ist eine schöne Eigenschaft der Weibull-Verteilung und ein zusätzlicher Grund für ihre Beliebtheit, daß sie nach zweimaligem Logarithmieren eine lineare Form annimmt:

$$\ln\left\{\ln\frac{1}{R(t)}\right\} = \ln\lambda + b\cdot\ln(t-a).\qquad\qquad (5.10)$$

Zu Versuchsergebnissen trägt man relative Häufigkeiten nach dieser Vorschrift über ln(t-a) auf; a ist empirisch zu bestimmen. Liegen die Punkte nahezu auf einer Geraden, so daß Abweichungen mit hoher Wahrscheinlichkeit auf zufällige Einflüsse zurückzuführen sind, dann liefert die Weibull-Verteilung mit dem Achsenabschnitt lnλ und der Steigung b eine geeignete Beschreibung des Geschehens.

Wie die Zuverlässigkeit sich mit der Zeit verhält, das zeigen wir in Abb.55 für denselben Parametersatz, den wir vorher für die Raten auswählten. Drei Werte sind allen Kurven gemeinsam, bei t=a, t=a+1/λ und t→∞. Nun sehen wir auch deutlich, daß der Parameter λ die Aufgabe übernimmt, die Kurven gegenüber dem Zeitmaß zu strecken oder zu stauchen; deswegen bezeichneten wir ihn als Maßstabsfaktor, dieses Verhalten vorweg berücksichtigend.

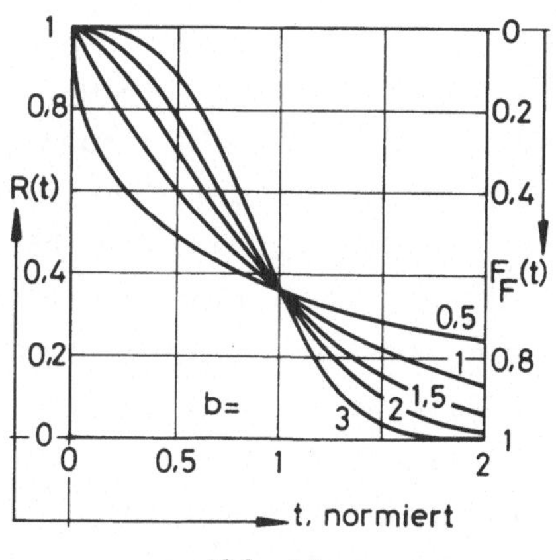

Abb.55

118

Auch der Name der Exponentialverteilung ist nun eher einzusehen; für b=1 fällt die Zuverlässigkeit exponentiell mit λt. Dieser Regel folgen alle Bauteile und alle zusammengesetzten Strukturen, deren Ausfallverhalten sich mit der Zeit nicht ändert. Sondert man Versager aus, dann unterliegt der Rest demselben Gesetz, nur zeitlich verschoben.

Es ist die hervorstechende Eigenschaft der Exponentialfunktion, daß ihre relativen Änderungen stets ein und denselben Wert ergeben, unabhängig von der Wahl des Argumentes. Oder anders: das Multiplizieren mit e^{x} liefert dasselbe Resultat, das wir durch Verschieben des Argumentes um die Spanne x erzielen.

5.3.4   Die Ausfalldichte

Indem wir die Rate mit der Zuverlässigkeit multiplizieren, erhalten wir nach (5.04) die zugehörige Ausfalldichte:

$$f_{F}(t) = b\lambda(t - a)^{b-1}\exp\left\{-\lambda(t - a)^{b}\right\}. \qquad (5.11)$$

Den Verlauf der Dichte geben wir wie vorher für dieselben Parameter in Abb.56 an. Mit wachsendem b nähern sich die Kurven immer mehr dem glockenförmigen Verlauf der Normalverteilung an; zugleich konzentrieren sich ihre Flächen zunehmend, dem steileren Verlauf der Rate entsprechend. Das Stauchen oder Strecken gegenüber der Zeit mit λ würde zugleich auch ein Ändern in der Höhe erfordern, um der Vorschrift für Dichten zu genügen, nach der die Fläche als Grenzwert der Verteilungsfunktion stets Eins zu betragen hat; deswegen kann man das Wirken dieses Parameters nicht auf einen Blick aus der Gleichung ablesen.

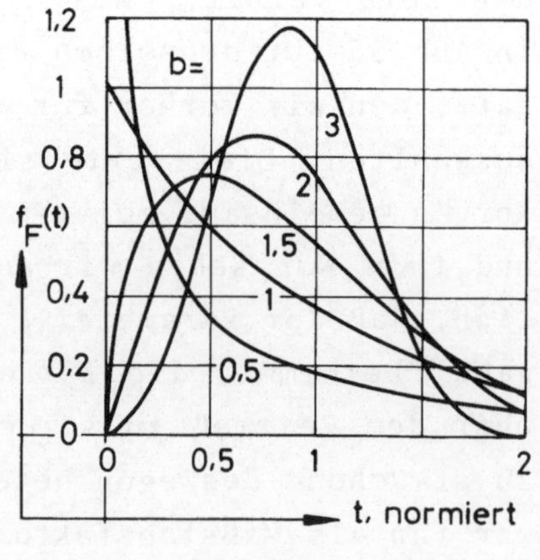

Abb.56

5.4 Unser Beispiel

Indem wir die zeitlich veränderliche Zuverlässigkeit der Komponenten an die Stelle des früheren p setzen, führen wir den Zeitablauf in die bisherigen Strukturuntersuchungen ein. Wegen der Symmetrie unseres Beispiels aus dem vorhergehenden Kapitel 4 erhalten wir, in der Form analog zu dem Ergebnis auf Seite 99, die Zuverlässigkeit mit der konstanten Rate λ für die erste Gruppe der Bauteile und λ' für die zweite:

$$R(t) = 2e^{-2\lambda t} - e^{-4\lambda t} + e^{-\lambda' t}(2e^{-2\lambda t} - 4e^{-3\lambda t} + 2e^{-4\lambda t}).$$

Sofern wir der Genauigkeit wegen auf den Umgang mit Ausfallwahrscheinlichkeiten angewiesen sind, wenn also λt sehr klein ausfällt, dann setzen wir eine Reihe für die Exponentialfunktion an, die nach wenigen Gliedern die bereitstehende Stellenzahl hinreichend genau ausfüllt.

Die mittlere Zeit, zu welcher der Ausfall der Anordnung zu erwarten ist, beläuft sich mit MTTF=49/(60λ) auf nur gut 80% der durchschnittlichen ausfallfreien Zeit der Komponenten, sofern $\lambda'=\lambda$, und auf knapp 90% bei $\lambda'=0,1\lambda$, weil trotz der Redundanz wenigstens zwei Bauteile fehlerfrei arbeiten sollen.

Den Verlauf unterschiedlicher Zuverlässigkeiten verzeichnet Abb.57 in linearem Netz zu der normierten Zeit λt. So überblicken wir einen Zeitraum von Null bis zu 1/λ, also bis zur mittleren Lebensdauer der Komponenten mit der Ausfallrate λ, deren Zuverlässigkeit gestrichelt erscheint. Die Zuverlässigkeit der Anordnung zeigt die breit ausgezogene Kurve für $\lambda'=0,1\lambda$, die dünne für $\lambda'=\lambda$. Die punktierte Linie besprechen wir etwas später.

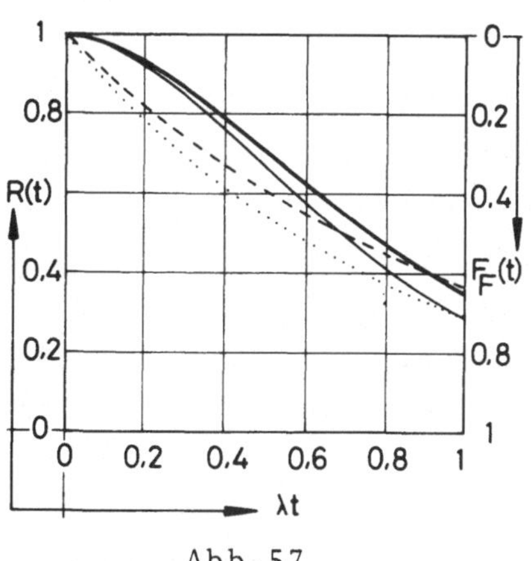

Abb.57

Gegenüber den Komponenten der ersten Art, sie führen die eigentliche Aufgabe aus, verharrt die Anordnung länger bei hoher Zuverlässigkeit, eine Folge der Redundanz. Dennoch verhalten sich
die mittleren Zeiten bis zum Versagen umgekehrt; um auszuglei-
chen, schneiden sich die Kurven je nach dem Wert von λ' auf der
Höhe von etwa 0,5 oder 0,4, wenn im Mittel bereits wenigstens
die Hälfte der Hauptkomponenten versagten. Damit ist ein Niveau
erreicht, das nur in seltenen Fällen befriedigt; meist wünscht
man im Bereich kleinerer Ausfallwahrscheinlichkeiten zu bleiben.
In diesem Gebiet übersteigt die Zuverlässigkeit der untersuchten
Anordnung die ihrer Bauteile. Schaltglieder mit geringerer Ausfallwahrscheinlichkeit verbessern das Verhalten der Anordnung
kaum im Anfangsbereich und nur geringfügig bei längerem Einsatz.

Die punktierte Kurve dient als Warnung, nachträglich unsere Anmerkung zu (5.07) unterstreichend. Es handelt sich um die Exponentialverteilung mit demselben Mittelwert, den wir mit λ'=λ für
die Anordnung berechneten. Welch unterschiedliches Verhalten,
vor allem zu Beginn! Während die Kurve der Anordnung mit waage-
rechter Tangente beginnt, fällt die andere sogleich ab; erst
jenseits empfehlenswerter Nutzungszeiten treffen sie sich wieder. Also noch einmal: den Kehrwert der MTTF dürfen wir nur dann
als konstante Rate ansehen, wenn wir zusätzlich von beobachteten
Lebensdauern auf eine Exponentialverteilung schließen können.

Kleine Ausfallwahrscheinlichkeiten
ließen sich in der vorherigen Darstellung nur schlecht auseinanderhalten. Um hier genauer ablesen zu
können, weichen wir auf ein anderes Netz aus und wählen in Abb.58
die logarithmische Teilung beider
Achsen. Die Abszisse verzeichnet
wie eben die normierte Zeit in λt,
die Ordinate im Gegensatz zu vorher die Ausfallwahrscheinlichkeit.
Die ausgezogene Kurve vertritt die

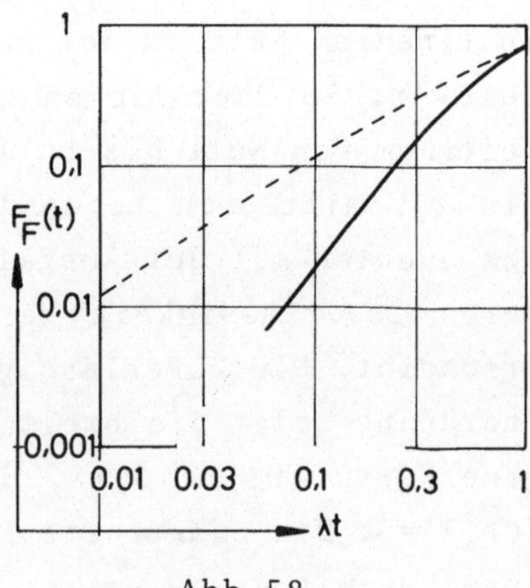

Abb.58

Anordnung bei $\lambda'=\lambda$, die gestrichelte steht für die Komponenten mit der Rate λ. Die kleinere Ausfallrate der Schaltglieder führt auf eine kaum abweichende Darstellung; deswegen haben wir sie hier nicht aufgenommen, wie wir gleichfalls darauf verzichtet haben, die falsche 'Ersatzkurve' zu zeichnen.

Den nahezu geradlinigen Verlauf bei kleinen Argumenten führen wir auf das Vorherrschen des ersten Gliedes in der Reihenentwicklung zurück. Die Steigung fällt bei der Anordnung gemäß $2q^2$ als überwiegendem Beitrag doppelt so hoch aus wie bei den Komponenten, die wir mit q ansetzen.

Abb.59 zeigt die Raten, wieder im linearen Netz, bezogen auf die Rate der Bauteile des ersten Typs; für sie gilt der gleichbleibende Verlauf auf der Höhe Eins. Die Raten der Anordnung, breit ausgezogen für $\lambda'=0,1\lambda$ und dünn für $\lambda'=\lambda$, beginnen im Ursprung und nähern sich mit wachsender Zeit beide dem Grenzwert Zwei.

In gleicher Weise zeigt schließlich Abb.60 die Ausfalldichten, in den Ordinatenwerten ebenfalls auf λ bezogen. Für die Komponenten erkennen wir den exponentiellen Verlauf, von dem die Verteilung ihren Namen herleitet. Die Dichten der Anordnung dagegen steigen von Null aus zu ihrem Gipfel an, um erst danach abzufallen.

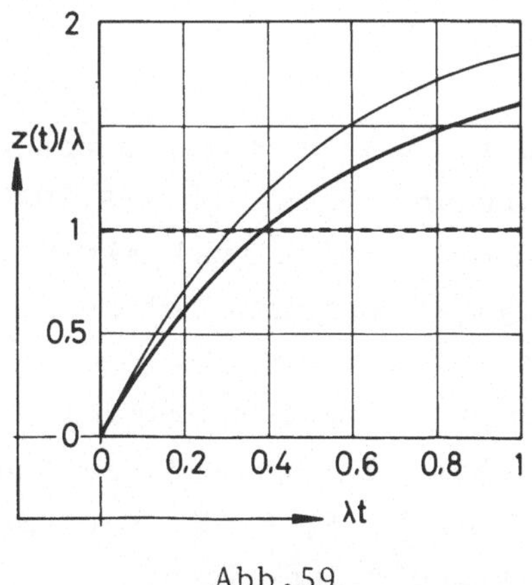

Abb.59

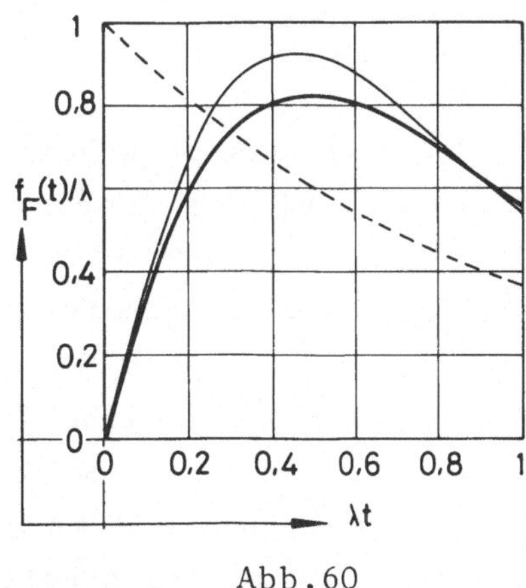

Abb.60

5.5 Zum Üben

1) Gegeben ist die Ausfallrate $z(t)=(t^2-1,8t+0,9)$. Berechnen Sie die mittlere Zeit bis zum Versagen und skizzieren Sie die Zuverlässigkeit oder die Ausfallwahrscheinlichkeit wie auch die Ausfalldichte.

2) Bestimmen Sie die mittlere Zeit bis zum Ausfall für eine Reihen- sowie für eine Parallelanordnung aus je n Bauteilen mit der konstanten Ausfallrate λ. Vergleichen Sie ihre Ergebnisse für den Sonderfall $n=3$. Skizzieren Sie die Zuverlässigkeit oder die Ausfallwahrscheinlichkeit sowie die Ausfallrate und die Ausfalldichte für diesen Sonderfall.

3) Berechnen Sie die mittlere Zeit bis zum Ausfall für eine 2 aus 4 Anordnung, deren Komponenten die gleichbleibende Ausfallrate λ aufweisen. Prüfen Sie insbesondere das Verhalten bei kleinen Zeiten, indem Sie die erste zur Zeit $t=0$ nicht verschwindende Ableitung bestimmen. Skizzieren Sie ferner die Zuverlässigkeit oder die Ausfallwahrscheinlichkeit der Anordnung sowie ihre Ausfallrate und ihre Ausfalldichte.

4) Wiederholen Sie die Aufgabe 3) unter den Annahmen der Aufgabe 4) auf Seite 68. Sie besagen, daß die Ausfallrate der Komponenten mit jedem zusätzlichen Ausfall um $-\ln(s)$ ansteigt, $0<s<1$.

5) Wenden Sie das Vorgehen im Abschnitt 5.4 in entsprechender Weise an auf die Anordnung der Aufgabe 1) in 4.10 (S.107). Gegenüber den anderen soll die Komponente B einmal mit derselben, dann mit höherer Zuverlässigkeit ausgestattet sein.

6) Führen Sie die gleiche Aufgabe durch für die Anordnung der Aufgabe 2) in 4.10 (S.107). Verglichen mit den anderen Bauteilen, sollen die 'Umschaltorgane' D, E, F, G, H, K einmal dieselbe, dann eine höhere Zuverlässigkeit aufweisen.

6 Zuverlässigkeit und Verfügbarkeit

6.1 Einführendes

Bereits im letzten Kapitel haben wir unsere bisherigen Überlegungen erweitert. Dabei können wir nicht stehen bleiben; wir müssen nochmals uns umstellen und den Rahmen erneut weiter ziehen. Warum das? Bislang erfaßten wir in unserer Betrachtensweise ein Modell, das folgendes Verhalten wiedergibt:

> Wir schalten eine Anlage oder ein Gerät ein. Danach stecken wir die Hände in die Taschen, und gespannt sehen wir zu, wie sich die Dinge weiter entwickeln. Voller Teilnahme registrieren wir einen Komponentenausfall nach dem anderen, bis das System schließlich versagt. Darauf drehen wir uns um und stellen fest: nun ist es aus.

Dieses Modell entspricht nur in den Fällen der Wirklichkeit, in denen wir, wie bei unbemannten Raumflugkörpern, keinerlei Zugang zu der Anlage haben, wobei wir den Eingriff über Fernsteuerung als Bestandteil des Systems betrachten; wir verzichten unwiderruflich auf jedweden nachträglichen Eingriff. In der Mehrzahl der Anwendungsfälle verhalten wir uns jedoch ganz anders: jeden Ausfall suchen wir durch Instandsetzen zu beheben, jedem drohenden Versagen begegnen wir, indem wir Instandhaltungsmaßnahmen ergreifen und so die Funktionsfähigkeit der Anlage für längere Zeit sichern. Wir wechseln Bremsbeläge, ziehen neue Reifen auf, tauschen Dichtungen, Kontakte und Zündkerzen aus und justieren die Einstellungen. Wenn unser Wagen nicht mehr fährt, werden wir ihn in den seltensten Fällen zum Schrottplatz bringen; meist lohnt die Reparatur und wir sorgen dafür, daß wir nach möglichst kurzer Zeit wieder über ihn verfügen können. Dieses Verhalten haben wir in unsere Modellbildung einzubeziehen, wenn sie die reale Welt angemessen widerspiegeln soll; erst dann können wir unsere Ergebnisse und Schlüsse aus dem Bild in die Wirklichkeit zurück übertragen, mit dem Anspruch, die wahren Gegebenheiten in unserer Aussage wenigstens annähernd zu würdigen.

124

Sorgsam auseinanderhalten müssen wir nun zwei verschiedene Wahrscheinlichkeiten, die beide mit der fehlerfreien Arbeitsweise zu tun haben, und ebenso ihre Einerkomplemente, die den Ausfall aus unterschiedlicher Sicht deuten.

Die Zuverlässigkeit bleibt nach wie vor die Wahrscheinlichkeit, mit der eine Anlage von Beginn an funktionsfähig bleibt. Für redundante Systeme wird sich ihr Wert gegenüber unseren früheren Ergebnissen ändern und auch die Berechnung: können wir beispielsweise in einer zweifachen Parallelanordnung die ausgefallene Komponente wieder instandsetzen, bevor die andere ihren Dienst aufgibt, dann haben wir die Zeit der Funktionsfähigkeit verlängert und damit die Zuverlässigkeit des Systems gesteigert.

Wenn wir aber fragen, wie wahrscheinlich ist es, daß die Anlage zur augenblicklichen Zeit funktionsfähig ist, unabhängig davon, ob sie vorher einmal oder mehrfach versagte, so fragen wir nach der Verfügbarkeit, einer Größe, die nicht etwa die Zuverlässigkeit ersetzt, sondern als zusätzliches Beschreibungsmerkmal an ihre Seite tritt. Im Umgang mit dieser Wahrscheinlichkeit gelten die bekannten Regeln, nur für eine andere Ereigniskonstruktion; lediglich die Frage nach dem zeitlichen Verlauf haben wir noch zu klären. Wir bezeichnen ihn mit A(t) und übernehmen das Symbol wieder aus dem angloamerikanischen Sprachgebrauch; es steht für 'availability'. Wir nennen das Einerkomplement

$$N(t) = 1 - A(t) \tag{6.01}$$

die Nichtverfügbarkeit. Sie soll möglichst klein sein, weswegen wir die numerischen Berechnungen auf diesen Wert stützen.

So wie wir das Ausfallverhalten auf die Ausfallrate z(t) zurückführten, aus der alle anderen Größen folgen, ganz ebenso gehen wir von der Reparaturrate m(t) aus, wenn wir die Vorgänge des Instandsetzens in unser Überlegen einbeziehen. Ihre Flächenabschnitte messen die bedingte Wahrscheinlichkeit, mit der eine Reparatur erfolgreich abgeschlossen wird, vorausgesetzt, zu Beginn der Zeitspanne lag ein Fehler vor.

6.2 Markov-Modelle

Man zieht Markov-Modelle heran, wenn man Vorgänge erfassen will,
die im Laufe der Zeit verschiedene Zustände annehmen. Ein System
möge vom Zustand Z_i in den Zustand Z_j mit der Wahrscheinlichkeit
$p_{i,j}(t)$ übergehen. Diese Übergangswahrscheinlichkeit soll nur
von den beiden beteiligten Zuständen abhängen, nicht aber von
der Vorgeschichte, wie etwa das System in den Zustand Z_i gelangt
ist. Es handelt sich also um bedingte Wahrscheinlichkeiten, die
je den unmittelbaren Ausgangszustand voraussetzen, in keiner
Weise hingegen den bisherigen Verlauf.

Abb.61 zeigt einen Graphen.
Im Gegensatz zu früher handelt es sich jetzt um einen
Markov-Graphen. Als Knoten
bildet er die beiden Zustände Z_i und Z_j ab nebst allen
beteiligten Übergängen als
Kanten, an denen die Über-

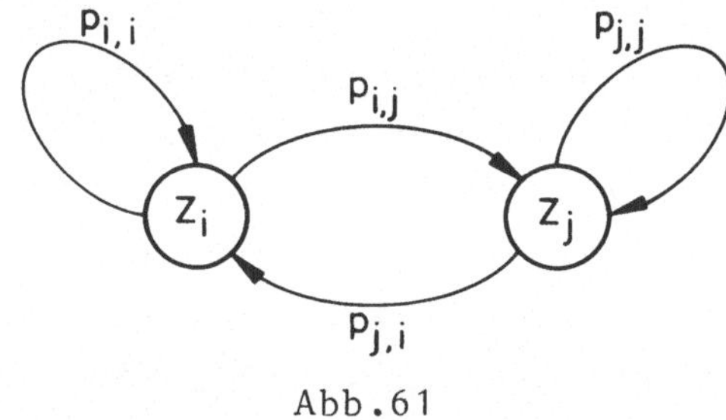

Abb.61

gangswahrscheinlichkeiten vermerkt sind. Man hat sie so aufzuteilen, daß ihre Summe über alle von einem Knoten ausgehenden
Kanten den Wert Eins liefert,

$$\sum_k p_{i,k}(t) = 1, \qquad (6.02)$$

denn mit Sicherheit verharrt das System in seinem bisherigen
Zustand oder es geht in einen der anderen über. Zu jedem Zeitpunkt ist nur einer dieser Übergänge möglich.

Man spricht von Markov-Ketten bei diskreten Zuständen und diskreten Beobachtungszeiten. Markov-Prozesse haben diskrete
Zustände und einen kontinuierlichen Zeitverlauf. In speziellen
Fällen kann man zusätzlich die Zustände als kontinuierlich verteilt ansehen. Unsere Ansätze werden wir in Markov-Ketten formulieren, die wir im Abstand Δt auf Veränderungen untersuchen. Im
Grenzübergang $\Delta t \rightarrow 0$ überführen wir sie in Markov-Prozesse.

6.3 Eine Komponente

6.3.1   Das Modell

Als einfachstem Fall wenden wir uns der Behandlung einer einzelnen Komponente zu. Das betrachtete Bauteil kann zwei Zustände
annehmen; im ersten versieht es seine Aufgabe (A), so wie es
verlangt wird, wir nennen ihn Z_0, während es im zweiten Z_1 seinen Dienst versagt ($\bar{A}$). In diesen Zuständen bilden sich die bislang untersuchten Ereignisse der Funktionsfähigkeit und des Ausfalls ab. Zur Formulierung der Übergangswahrscheinlichkeiten
ziehen wir die Raten heran, deren Flächenabschnitte gerade die
bedingten Wahrscheinlichkeiten messen, mit der die Komponente
einen der Zustände verläßt,
falls sie ihn bislang einge-
nommen hatte. Den zugehörigen Markov-Graphen erhalten
wir, indem wir die allgemeine Darstellung der Abb.61 in
der Form der nebenstehenden
Abb.62 für unsere besonderen
Umstände und Vorgaben umformen und spezialisieren.

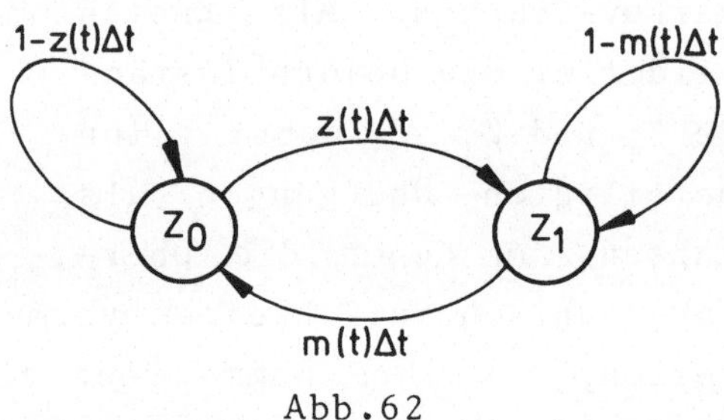

Abb.62

Die Wahrscheinlichkeit, mit der die Komponente einen der Zustände einnimmt, bezeichnen wir mit den Symbolen P_0 und P_1. Nun
lesen wir ab:

$$P_0(t + \Delta t) = [1 - z(t)\Delta t]P_0(t) + m(t)\Delta t P_1(t); \qquad (6.03)$$

soll sich die Komponente zur Zeit $t+\Delta t$ funktionsfähig in Z_0
befinden, dann muß sie sich vorher in diesem Zustand aufge-
halten haben 'und' ihn in der zusätzlichen Spanne Δt mit der
Wahrscheinlichkeit $1-z(t)\Delta t$ beibehalten, 'oder' sie war ausgefallen in Z_1 'und' geht nun mit $m(t)\Delta t$ durch Instandsetzen
in den arbeitsfähigen Zustand Z_0 zurück. Die beiden Zustände
lassen sich nicht gleichzeitig miteinander vereinbaren.

Für den anderen Zustand erhalten wir, die Sachlage ebenso erklärend, die Aussage:

$$P_1(t + \Delta t) = [1 - m(t)\Delta t]P_1(t) + z(t)\Delta t P_0(t), \qquad (6.04)$$

die aus der vorherigen auch durch Auswechseln der Bezeichnungen
hervorgeht. Beide Gleichungen überführen wir in die Differenzenquotienten:

$$\frac{P_0(t + \Delta t) - P_0(t)}{\Delta t} = - z(t)P_0(t) + m(t)P_1(t) \quad \text{und} \qquad (6.05)$$

$$\frac{P_1(t + \Delta t) - P_1(t)}{\Delta t} = - m(t)P_1(t) + z(t)P_0(t), \qquad (6.06)$$

aus denen durch den Grenzübergang $\Delta t \to 0$ das simultane Differentialgleichungssystem folgt:

$$\dot{P}_0(t) = - z(t)P_0(t) + m(t)P_1(t) \qquad (6.07)$$

$$\dot{P}_1(t) = + z(t)P_0(t) - m(t)P_1(t).$$

Die Änderungen der Zustandswahrscheinlichkeiten erhalten wir aus
einer Bilanz, in der wir die 'Zugänge' um die 'Abgänge' vermindern. Indem wir die Gleichungen unmittelbar nach dieser Regel
notieren, werden wir von nun an das Verfahren abkürzen.

Zusammengezählt heben sich beide Änderungen gegenseitig auf;
die Wahrscheinlichkeiten ergänzen sich also zu einem gleichbleibenden Wert, den wir auf Eins festsetzen, weil die beiden Zustände ein vollständiges Ereignissystem bilden; in einem muß
sich die Komponente jeweils aufhalten. So gehen die Beziehungen
mit $P_0(t)+P_1(t)=1$ über in die inhomogene Differentialgleichung
der ersten Ordnung:

$$\dot{P}_0(t) + [z(t) + m(t)]P_0(t) = m(t). \qquad (6.08)$$

Ihre Lösung läßt sich in Integralen angeben, die aber selbst für
vergleichsweise einfache Raten, wie etwa quadratisch verlaufende, nicht mehr auf elementare Funktionen führen.

6.3.2   Zuverlässigkeit

Falls wir m(t) verschwinden lassen, also Instandsetzungen ausschließen, entfällt die Kopplung des ursprünglich simultanen
Differentialgleichungssystems und die Differentialgleichung
(6.08) wird homogen. Vor uns steht dann eine aus (5.04) und
(5.03) abgeleitete Form, deren Lösung wir bereits in (5.05) für
R(t) angaben. Diesen Wert haben wir hier mit $P_0(t)$ bezeichnet;
es ist die Wahrscheinlichkeit, mit der das Bauteil den arbeitsfähigen Zustand nicht verläßt. Die Lösung gilt für den Anfangs-
wert $P_0(0)=1$, damit die Funktionsfähigkeit zur Zeit t=0 voraussetzend. Der neue Ansatz umfaßt also unsere bisherigen Ergebnisse zur Zuverlässigkeit.

6.3.3   Konstante Raten

Die Verfügbarkeit erhalten wir in $P_0(t)$ als die Wahrscheinlichkeit, mit der die Komponente ihrer Aufgabe wie vorgesehen nachkommt. Im Gegensatz zur Zuverlässigkeit prüfen wir nicht, ob das
Bauteil zwischenzeitlich versagte. Als Sonderfall setzen wir die
Raten als konstant an, $z(t)=\lambda$ sowie $m(t)=\mu$, und wählen den An-
fangswert $P_0(t)=1$, mithin auch $P_1(0)=0$, sofern die Komponente zu
der Zeit t=0 mit der Wahrscheinlichkeit Eins ihren Dienst ordnungsgemäß versieht. Als Lösung erhalten wir dann:

$$P_0(t) = \frac{\mu}{\mu + \lambda} + \frac{\lambda}{\mu + \lambda} \exp(-\mu t - \lambda t) \text{ und} \qquad (6.09)$$

$$P_1(t) = \frac{\lambda}{\mu + \lambda} - \frac{\lambda}{\mu + \lambda} \exp(-\mu t - \lambda t).$$

Die Zustandswahrscheinlichkeiten setzen sich zusammen aus einem
gleichbleibenden und einem veränderlichen Teil. Die Konstante in
$P_0(t)$, der Verfügbarkeit, liegt weit über den anderen Größen, da
Reparaturraten in aller Regel gegenüber den Ausfallraten domi-
nieren.

In Abb.63 stellen wir die Verfügbarkeit der Zuverlässigkeit gegenüber, wobei wir der Reparaturrate
lediglich den zehnfachen Wert der
Ausfallrate zuweisen; in den meisten praktischen Fällen liegt dieses Verhältnis weit höher. Am Anfang fallen beide Kurven in nahezu gleicher Weise. Bald aber verharrt die Verfügbarkeit auf höherem Niveau, um sich umgehend ihrem
stationären Endwert anzuschmiegen.
Wir begnügen uns mit dem linearen

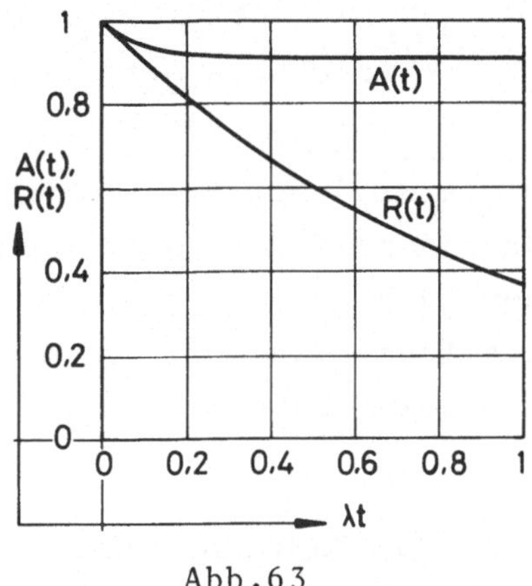

Abb.63

Netz; die Kurven sehen in den logarithmischen Darstellungen
nicht wesentlich anders aus, so daß wir in ihnen kaum neue Einsichten gewinnen.

6.3.4   Raten von Anordnungen

Es ist die gewohnte Ansicht, daß man in dem simultanen Differen-
tialgleichungssytem die Wahrscheinlichkeiten zu bestimmen habe,
bei gegebenen Raten z(t) und m(t). Man kann das auch anders
sehen: wenn etwa Zuverlässigkeit und Verfügbarkeit einer Anordnung vorliegen, dann lassen sich die Raten aus ihnen nach diesen
Vorschriften bestimmen, indem wir die Anordnung mit ihren Werten
für die Komponente einsetzen.

Wie bereits aus (5.04) in Verbindung mit (5.03) hervorgeht,
erhalten wir als Reparaturrate:

$$z(t) = \frac{-\dot{R}(t)}{R(t)} = -\frac{d}{dt} \ln\left\{R(t)\right\}. \qquad (6.10)$$

Numerisch werden wir diese Beziehung möglichst über die Ausfallwahrscheinlichkeit, also nach $F_F(t)$ auswerten, da wir gerade bei
den Ableitungen wegen der Differenzenbildung auf genaue Werte
angewiesen sind.

Nachdem wir die Ausfallrate kennen, erhalten wir für die Reparaturrate aus der Nichtverfügbarkeit, also aus $P_1(t)$:

$$m(t) = \frac{z(t)[1 - N(t)] - \dot{N}(t)}{N(t)} . \tag{6.11}$$

Diese Beziehungen werden uns später helfen, große komplizierte Anordnungen auch unter dem Einfluß des Instandsetzens zu berechnen nach dem Vorgehen, das wir bereits im Abschnitt 4.9 bereitstellten. Daß wir so vorgehen müssen, wird uns der folgende Abschnitt zeigen.

6.4 Zwei Komponenten

6.4.1   Das Modell

Wir untersuchen eine Anordnung, die aus den zwei Komponenten A und B besteht. Die vier elementaren Ereignisse: AB, $\bar{A}B$, $A\bar{B}$ und $\bar{A}\bar{B}$ fassen wir als Zustände des Systems auf, die wir fortlaufend mit Z_0 bis Z_3 bezeichnen. Abb.64 zeigt den zugehörigen Markov-Graphen, dessen Struktur alle denkbaren Vorgänge nachbildet, wie sie im zeitlichen Ablauf aufeinander folgen. Die Raten tragen Indizes, die den Ausgangszustand und das Ziel kennzeichnen; dieses sorgfältige Unterscheiden benötigen wir für die einzelnen Sonderfälle. Übergänge zwischen den Paaren Z_0 und Z_3 oder Z_1 und Z_2 haben wir nicht eingezeichnet, weil dann beide Komponenten ihre Zustände gleichzeitig ändern würden, beispielsweise mit der Übergangswahrscheinlichkeit $m_A(t)z_B(t)(\Delta t)^2$; wir vernachlässigen die quadratischen Glieder gegenüber den linearen, weil wir Δt gegen Null gehen lassen. Gemäß unserer Bilanz schreiben wir nun das System simultaner Differentialgleichungen auf:

$$\dot{P}_0(t) + [z_{01}(t) + z_{02}(t)]P_0(t) - m_{10}(t)P_1(t) - m_{20}(t)P_2(t) = 0 \tag{6.12}$$

$$\dot{P}_1(t) + [z_{13}(t) + m_{10}(t)]P_1(t) - z_{01}(t)P_0(t) - m_{31}(t)P_3(t) = 0$$

$$\dot{P}_2(t) + [z_{23}(t) + m_{20}(t)]P_2(t) - z_{02}(t)P_0(t) - m_{32}(t)P_3(t) = 0$$

$$\dot{P}_3(t) + [m_{31}(t) + m_{32}(t)]P_3(t) - z_{13}(t)P_1(t) - z_{23}(t)P_2(t) = 0$$

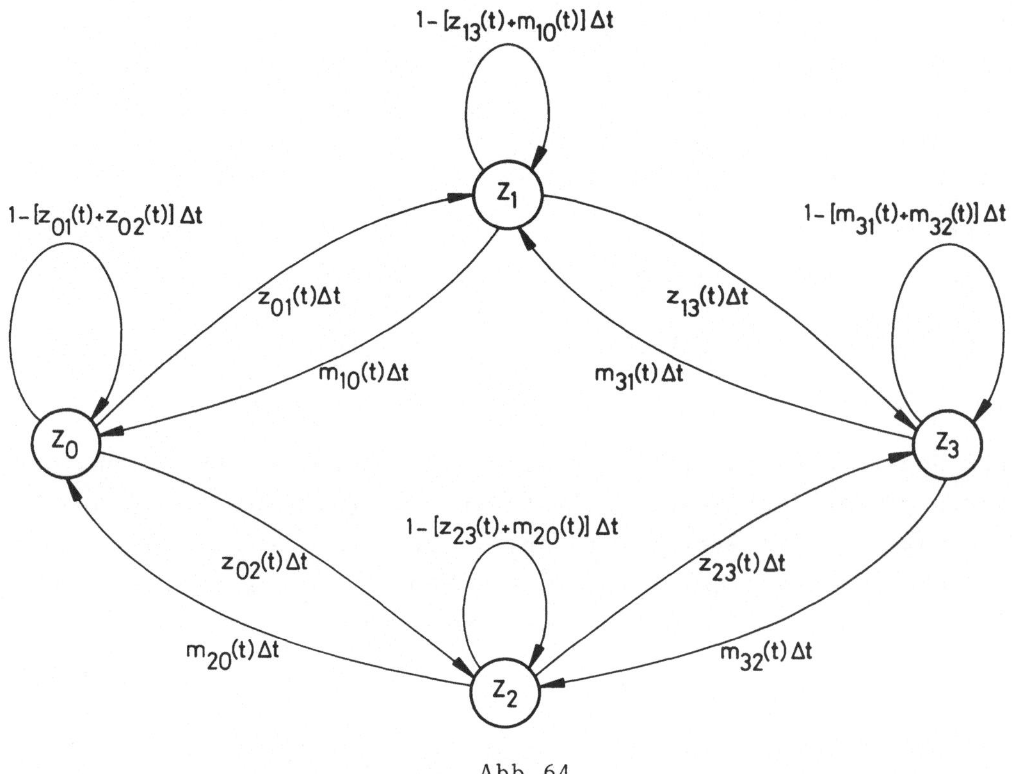

Abb.64

Abb.64 und das System (6.12) weisen uns darauf hin, daß die Zahl der Zustände und ebenso die der simultanen Differentialgleichungen sich nach dem Wachstumsgesetz 2^n vermehrt, sobald die Anzahl der Komponenten auf n ansteigt. Selbst bei konstanten Raten haben wir mit n=2 nach dem Lösungsverfahren der Laplace-Transformation die Wurzeln einer Gleichung vierten Grades zu bestimmen; mit veränderlichen Raten wird das Problem noch schwieriger. Unter diesen Umständen halten wir es für sinnvoll, numerische Lösungen anzustreben und die Zahl der Zustände so weit zu vermindern, wie es uns gelingen mag.

Diese Richtung vorbereitend, haben wir bereits früher das Aufteilen von Fehlerbäumen im Abschnitt 4.9 behandelt und eben angesprochen, wie wir Raten von Teilanordnungen bestimmen, um in hierarchischer Staffel bei einem Schritt nur eine kleine Komponentenzahl bearbeiten zu müssen. Weiteres Vereinfachen werden wir durch Gruppieren im Abschnitt 6.5 kennenlernen.

132

6.4.2   Lösung in einfachen Fällen

Für zwei voneinander unabhängige Komponenten A und B setzen wir
in das System (6.12) die folgenden Zuordnungen ein:

$$z_A(t) = z_{01}(t) = z_{23}(t), \qquad\qquad (6.13)$$

$$z_B(t) = z_{02}(t) = z_{13}(t),$$

$$m_A(t) = m_{10}(t) = m_{32}(t) \text{ und}$$

$$m_B(t) = m_{20}(t) = m_{31}(t).$$

Für Reparaturraten $m(t) > 0$ bestimmen wir dann aus der Lösung die
Verfügbarkeit der Anordnung mit den beiden Komponenten A und B;
verschwinden die Reparaturraten, so geht die Verfügbarkeit über
in die Zuverlässigkeit einer Anordnung, in der keinerlei Instandsetzungen erfolgen. Der weitere Ansatz:

$$P_0(t) = A_A(t)A_B(t), \qquad\qquad (6.14)$$

$$P_1(t) = N_A(t)A_B(t),$$

$$P_2(t) = A_A(t)N_B(t) \text{ sowie}$$

$$P_3(t) = N_A(t)N_B(t),$$

mit der Verfügbarkeit der Bauteile $A(t)$ und der Nichtverfügbarkeit $N(t) = 1 - A(t)$ aus dem vorhergehenden Abschnitt 6.3 löst das
Differentialgleichungssystem (6.12). Das heißt aber nichts anderes, als daß wir in diesen Fällen die Verfügbarkeit oder die
ganz spezielle Zuverlässigkeit nach unseren alten Methoden mit
den gewohnten algebraischen Verfahren berechnen dürfen, um die
richtige Lösung zu erhalten.

Für die Reihenanordnung gehören die Zustände Eins bis Drei zum
Versagen. Die Summe der Wahrscheinlichkeiten dieser Zustände
liefert das Ergebnis, das wir nach alter Regel aus:

$$N(t) = N_A(t) + N_B(t) - N_A(t)N_B(t) \qquad\qquad (6.15)$$

bestimmen; die Nichtverfügbarkeit der Anordnung haben wir ohne
Index gelassen.

Die Parallelanordnung versagt, wenn sich das System im Zustand
Drei befindet, dessen Wahrscheinlichkeit wir aus:

$$N(t) = N_A(t)N_B(t) \qquad (6.16)$$

erhalten, ebenfalls unsere frühere Formel bestätigend.

6.4.3   Zuverlässigkeit bei Instandsetzen

Zur Berechnung der Zuverlässigkeit haben wir von vornherein
festzulegen, um welche Art der Anordnung es sich handelt, denn
wir müssen die Reparaturraten verschwinden lassen, die von den
Versagenszuständen zu denen der Funktionsfähigkeit führen.

Bei der Reihenanordnung dürfen wir alle rückführenden Kanten
aufheben. Der Zustand Z_0 ist der einzig funktionsfähige und die
von anderen auf ihn weisenden Kanten haben wir nach der Vorschrift zu entfernen. Damit verlieren aber die Übergänge im Versagensbereich für die Zuverlässigkeit ihre Bedeutung: nie kann
das System von dort aus seinen Dienst wieder aufnehmen. Der
Graph enthält nun lediglich Ausfallraten. So ist die Lösung zu-
rückgeführt auf den einfachen Fall im vorhergehenden Abschnitt
und mit ihm auf die Rekursion, die wir ohne sonderliche Mühe
ausführen. Wir ersehen daraus, daß Instandsetzungsmaßnahmen die
Zuverlässigkeit einer Anordnung nicht verändern, sofern keinerlei Redundanz vorliegt.

Ganz anders steht es mit der Parallelanordnung. Wenn wir die
Reparaturkanten zwischen den funktionsfähigen und den Ausfall-
zuständen entfernen, lassen wir $m_{31}(t)$ und $m_{32}(t)$ verschwinden,
während $m_{10}(t)$ und $m_{20}(t)$ erhalten bleiben. Mit dieser Maßnahme
erzeugen wir wechselseitige Abhängigkeiten: in die Berechnung
soll nur dann eine Reparatur eingehen, wenn genau eine der Komponenten versagt. Ähnlich verhalten sich 'stand-by'-Anordnungen
mit bereitgehaltener Reserve. In allen redundanten Anordnungen
haben wir das Differentialgleichungssystem unmittelbar zu lösen;
wir werden dabei numerische Verfahren einsetzen.

6.5 Gruppieren

6.5.1 Die Ausgangslage

Wollen oder müssen wir mehr als zwei Komponenten gleichzeitig behandeln, dann gehen wir in entsprechender Weise vor wie bei zwei Komponenten. Dabei vermehren sich aber die Zustände mit der Anzahl der Komponenten in bekannter Weise nach dem abenteuerlich wachsenden Exponentialgesetz 2^n. Dieser selbst bei bescheidenen n recht große Wert legt gleichzeitig die Zahl der simultanen Differentialgleichungen fest, die wir zu lösen haben. Wir können das System nur dann einer, wenn auch numerischen Lösung zuführen, solange sein Umfang nicht allzusehr anwächst. Deshalb suchen wir nach Auswegen, die das Beschreiben und Rechnen vereinfachen, weil sie die Potenzregel vermeiden.

Wir erinnern uns an unser Vorgehen im Abschnitt 4.8. Dort hatten wir eine Vereinfachung gefunden, falls mehrere Komponenten gleicher Art vorlagen. Diesen Ansatz verfolgen wir weiter.

6.5.2 Eine Gruppe gleicher Bauteile

In Abb.65 greifen wir die Darstellung des Euler-Venn-Diagrammes aus Abb.45 wieder auf, in der wir elementare Ereignisse mit gleicher Anzahl ausgefallener Komponenten in einem Teilfeld zusammenlegten. Jedes einzelne Feld sehen wir nun als einen der Zustände Z_0 bis Z_{n+1} an, die wir über ihnen vermerken, während wir die maximalen Belegungszahlen wie bislang in die Rechtecke

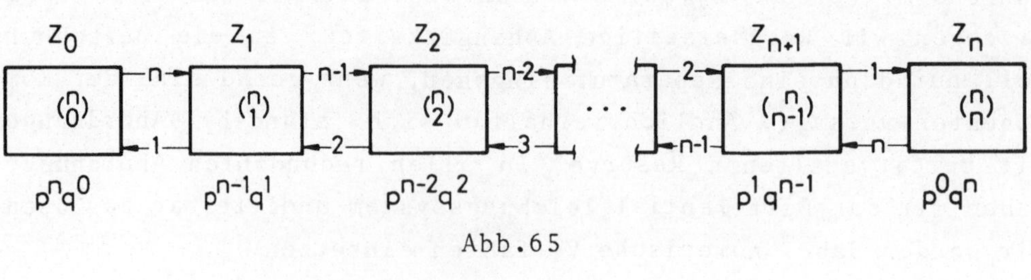

Abb.65

hineinschreiben. Im Gegensatz zu früher setzen wir die Teilflächen voneinander ab und notieren zwischen ihnen die Anzahl der möglichen Übergänge, die jedes elementare Ereignis in die sich anschließenden Nachbarfelder überführt; nach rechts, in der Richtung des Ausfalls, stimmt die Angabe überein mit der Anzahl der vorher nicht negierten Bauteile, nach links mit der Zahl der negierten, welche der Instandsetzung unterliegen.

Sehen wir diese Übergangszahlen als Koeffizienten an, die je mit $z(t)\Delta t$ oder $m(t)\Delta t$ multipliziert die Übergangswahrscheinlichkeit von einem Zustand in den anderen bedeuten, dann haben wir die frühere Darstellung in einen Markov-Graphen umgewandelt und diesen Sachverhalt durch das Einzeichnen der Kanten angedeutet. Lediglich die Angaben über das Verweilen in jedem Zustand fehlen; sie bestimmen wir aus der Vorschrift, daß die Summe aller abgehenden Kanten nach (6.02) die Zahl Eins ergeben muß.

In Abb.65 haben wir das Einzelfeld nicht nach der Arbeitsfähigkeit oder dem Ausfall aufgeteilt. Deswegen gelten die Übergangswahrscheinlichkeiten für den einen Sonderfall, in dem alle elementaren Ereignisse mit gleicher Anzahl negierter Komponenten in nur einen Zustand zusammenfallen, in dem wir also die maximalen Belegungszahlen vorfinden und mit ihnen die maximalen Übergangszahlen. Wir wissen aber, daß uns auch Anordnungen begegnen, bei denen wir die hier zusammengefaßten Ereignisse danach sortieren müssen, ob sie die Funktionsfähigkeit oder den Ausfall der Anordnung bedeuten. Deswegen stehen wir vor der Aufgabe, die Übergangszahlen aus den Belegungszahlen zu berechnen.

Aus Abb.65 sehen wir uns einen Ausschnitt an, der sich auf zwei benachbarte Teilflächen erstreckt. Jede teilen wir auf in einen nach oben abgesetzten Bereich, den wir gemäß unserer früheren Abrede dem Ausfall zuordnen, und in einen unteren, der die Arbeitsfähigkeit erfaßt. Für die Felder des Versagens übernehmen wir das Zustandskennzeichen Z und wählen Y für die Zustände, in denen die Anordnung ihren Dienst ordnungsgemäß versieht; in beiden Fällen behalten wir den alten Index bei. So entsteht Abb.66.

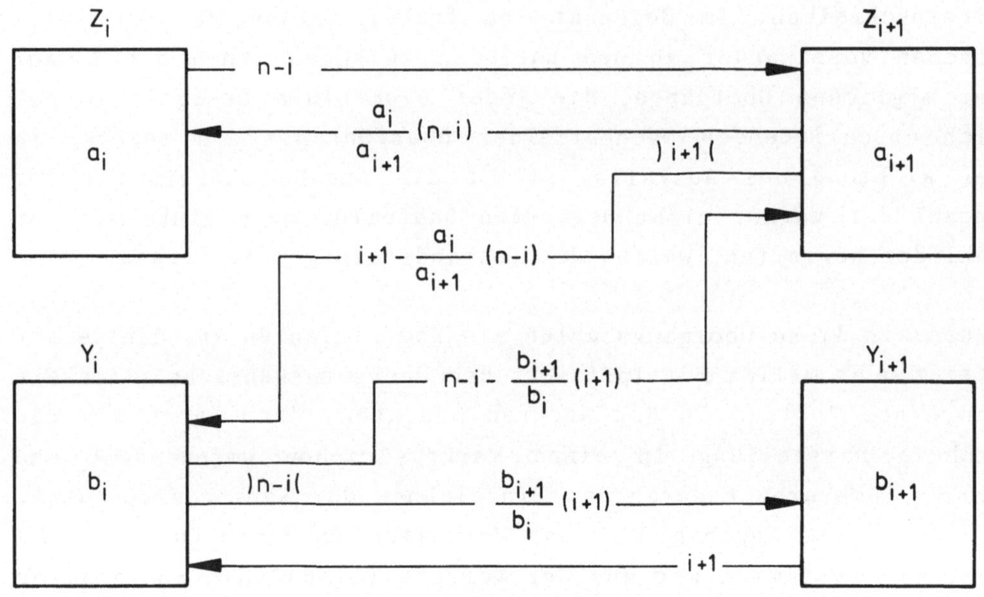

Abb.66

Gegenüber den Feldern auf der linken Seite versagt rechts eine zusätzliche Komponente. Die je übereinander stehenden Belegungszahlen ergänzen sich stets zu ihrem maximalen Wert:

$$a_j + b_j = \binom{n}{j}, \quad j = 0, 1, 2, \ldots, n. \tag{6.17}$$

Ein Wechsel von links nach rechts ist mit der Übergangszahl n-i verbunden. Hatte die Anordnung ihren Dienst bereits aufgegeben, dann bleibt diese Übergangszahl erhalten. Wenn jedoch die bislang funktionsfähige Anordnung durch einen zusätzlichen Ausfall, je nachdem welche individuelle Komponente betroffen ist, sowohl funktionsfähig bleiben kann, als auch in den Versagenszustand zu wechseln vermag, dann müssen wir die Übergangszahlen aufteilen. Für den Verbleib in arbeitsfähigen Zuständen bilden wir den Quotienten aus den Belegungszahlen b_{i+1} sowie b_i und multiplizieren das Verhältnis mit der Ordnungszahl i+1. Die Differenz zur maximalen Übergangszahl steuert den Wechsel zum Ausfall. Das Symbol)n-i(zwischen zwei Kanten soll andeuten, daß sich ihre Übergangszahlen stets zu diesem maximalen Wert ergänzen. Nach unserer Vorschrift des Aufteilens muß

$$a_{i+1}(i+1) = a_i(n-i) + b_i\left\{n-i - \frac{b_{i+1}}{b_i}(i+1)\right\} \tag{6.18}$$

für die Ausfälle erfüllt sein. Für die Gegenrichtung, in der wir
Maßnahmen des Instandsetzens wirken lassen, argumentieren wir
entsprechend und verlangen:

$$b_i(n-i) = b_{i+1}(i+1) + a_{i+1}\left\{i+1 - \frac{a_i}{a_{i+1}}(n-i)\right\}. \tag{6.19}$$

6.5.3   Unser Beispiel

Um das Verfahren zunächst für eine Gruppe gleicher Bauteile vorzuführen, greifen wir zurück auf Abb.46 (S.94), in der wir die
Belegungszahlen der Anordnung aus Abschnitt 4.1, Abb.41, vermerkten, durchweg gleiche Eigenschaften der Komponenten A bis F
voraussetzend. Gemäß unserer soeben aufgestellten Vorschrift
tragen wir die Übergangszahlen in Abb.67 ein. Sofern sich Übergänge nach links oder nach rechts aufspalten, ergänzen sich die
beiden Übergangszahlen zu dem Wert, der ohne das Aufteilen gilt,
wie etwa: 22/13+30/13=4.

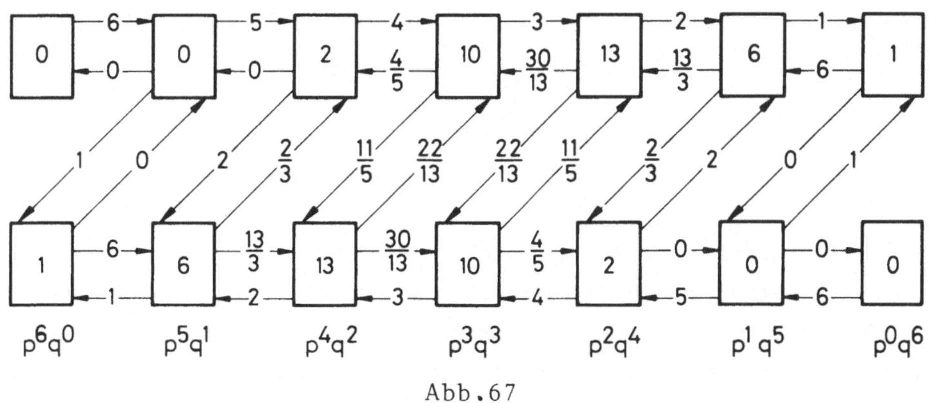

Abb.67

Wir tragen hier das vollständige System der Übergangszahlen ein.
Suchen wir nur die Zuverlässigkeit als Lösung des simultanen
Differentialgleichungssystems, dann entfallen, wie verabredet,

138

alle Übergänge, die von den Feldern des Ausfalls zu denen des
ordnungsgemäßen Arbeitens führen, also jene, die von der oberen
in die untere Zeile weisen. Die Zustände des Versagens brauchen
wir nicht voneinander zu unterscheiden, so daß wir sie zusammenlegen dürfen. Wir behandeln dann nur einen einzigen absorbieren-
den Zustand, aus dem das System die anderen nicht mehr zu erreichen vermag.

In der unteren Zeile halten wir allerdings die verschiedenen
Möglichkeiten sorgsam auseinander; versagt hier eine Komponente,
ohne daß das System ausfällt, dann haben wir noch Zeit, dieses
Bauteil instandzusetzen, indem wir es etwa austauschen gegen ein
bereitgehaltenes Ersatzteil, ehe weitere Ausfälle eintreten.
In allen redundanten Anordnungen werden wir diese Eigenschaft
finden, die es uns erlaubt, die Zuverlässigkeit durch Instandsetzen beachtlich zu steigern.

Die beiden letzten Zustände in der unteren Zeile liefern keinen
Beitrag, weil ihre Belegungszahlen verschwinden. So haben wir in
der Rechnung nur die hier verbleibenden fünf Zustände und dazu
den einen für das Versagen zu behandeln, zusammen sechs. Das
macht eine recht ansehnliche Ersparnis aus, verglichen mit den
ursprünglich $2^6=64$ Zuständen, von denen 33 überbleiben, wenn wir
gleichfalls die 32 des Ausfalls zu einem einzigen zusammenfassen.

6.5.4   Unser Beispiel für zwei Gruppen gleicher Bauteile

Unsere Vorschrift in 6.5.2, nach der wir die Übergangszahlen
bestimmen, haben wir hinreichend grundsätzlich gehalten, um sie
auch für zwei oder mehrere Gruppen gleicher Bauteile anwenden zu
können; wir setzen sie nun an auf Veränderungen einer jeden
Gruppe, die wir je in einer gesonderten Dimension vermerken. In
graphischen Darstellungen erreichen wir allerdings bereits mit
zwei Gruppen die Grenze, innerhalb derer wir die Verhältnisse in
angemessener Weise zu übersehen vermögen.

Für unser Beispiel erhalten wir Abb.68, nun nach der Darstellung auf Seite 98 mit der einen Gruppe für die Umschaltorgane C und D sowie der anderen für die restlichen Bauteile, welche die ursprünglich geforderten Funktionen wahrnehmen.

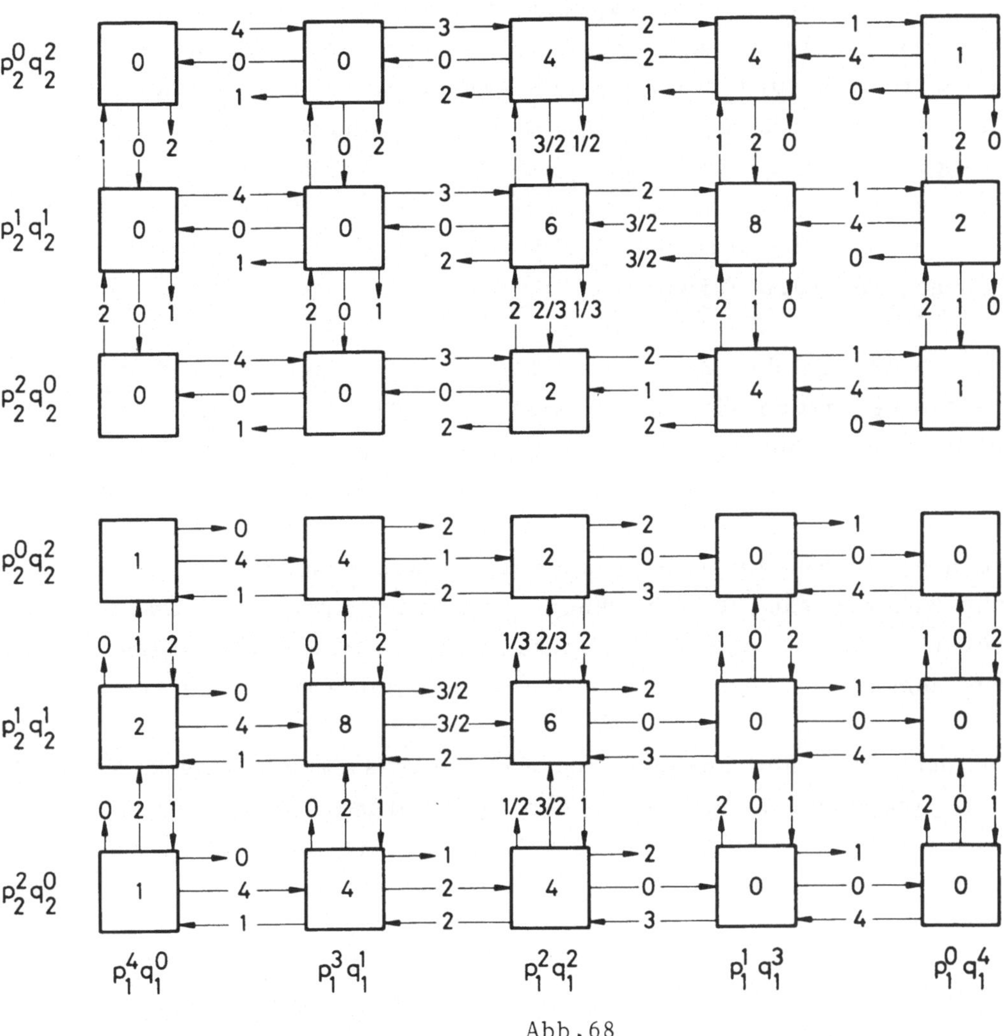

Abb.68

Nur an den Ausgangszuständen deuten wir alle Kanten an, die den oberen Teil mit dem unteren verbinden, welche also vom Versagensbereich in den der Arbeitsfähigkeit führen oder umgekehrt verlaufen. Das Ziel finden wir jeweils in dem nächsten Zustand des anderen Abschnitts. Für die Zuverlässigkeit bleibt dann ein System von zehn simultanen Differentialgleichungen zu lösen.

6.6 Große, komplizierte Anordnungen

Wenn wir große, komplizierte Systeme geschlossen bearbeiten und nach den Regeln dieses Kapitels alle Systemzustände aufstellen, dann wird ihre Anzahl meist so anschwellen, daß uns auch eine numerische Lösung verschlossen bleibt, weil die Anzahl der Zustände den Umfang des Differentialgleichungssystems festlegt. Deswegen richten wir unser Vorgehen nach den Überlegungen in Abschnitt 4.9 aus und teilen die Anordnung auf in Maschen, Netze und in einfache Reihen- oder Parallelstrukturen, die keine Komponente mehrfach anführen.

Ausgehend von der Zuverlässigkeit und Verfügbarkeit der Komponenten bestimmen wir ihre Ausfall- und Reparaturrate, sofern wir nicht von vornherein über diese Angaben verfügen. Mit den Raten berechnen wir die sich anschließenden höheren Teilsysteme, mag es sich um die Reihen- oder Parallelanordnungen handeln oder auch um kompliziertere Zusammenhänge wie Maschen und Netze, die nur geschlossen zu berechnen sind. Als Ergebnis erhalten wir Zuverlässigkeit und Verfügbarkeit des bearbeiteten Teilsystems, aus denen wir wieder Ausfall- und Reparaturraten ableiten.

In den einfachen Reihen- und Parallelsystemen beginnen wir mit zwei Komponenten; das Ergebnis verknüpfen wir mit der nächsten und fahren so fort, bis wir alle Einheiten erfaßt haben. Wir spalten auch diese einfachen Anordnungen weitestgehend auf, um den Aufwand klein zu halten.

Mit den so gewonnenen Angaben rücken wir im Fehlerbaum weiter nach oben, wobei wir die bisher gelösten Teilsysteme mit ihren Raten für den restlichen Fehlerbaum wie Komponenten behandeln. So folgen wir einer gestaffelten Vorgehensweise, die von Stufe zu Stufe in der Hierarchie des Fehlerbaumes aufsteigt, bis wir schließlich die Werte für das oberste Gatter erhalten. Mit ihnen verfügen wir über die Lösung unserer Aufgabe, der Zuverlässigkeit und Verfügbarkeit der untersuchten Anordnung.

Es versteht sich, daß wir für umfangreiche Netze, in denen die Anzahl verschiedener Komponentenarten zu stark anwächst, den Gedanken der Näherung aufgreifen und geeignete Gruppen zu einer zusammenlegen oder brauchbare Strukturen als Stellvertreter einführen, welche die Gruppenzahl vermindern. Zuverlässigkeit und Verfügbarkeit der Ersatzgebilde müssen dabei im gesamten Verlauf gegenüber den ursprünglichen Teilen kleinere, allenfalls gleiche Werte aufweisen, wenn wir eine konservative Abschätzung anstreben.

Den Resultaten aus den algebraischen Operationen dürfen wir in aller Regel trauen. Wie steht es jedoch mit den Lösungen der Differentialgleichungssysteme? Haben wir etwa die Schrittweite genügend klein gewählt? Zumindest in zwei Randfällen können wir das Lösungsverfahren prüfen. Zum einen mit verschwindenden und sonst mit den in der eigentlichen Rechnung eingesetzten Reparaturraten ergeben sich Verfügbarkeiten, die wir einmal algebraisch bestimmen und zum anderen über die numerische Integration; die Ergebnisse sollten im Rahmen der geforderten Genauigkeit übereinstimmen. Sofern wir diesen Anspruch erfüllen, haben wir guten Grund, die Zuverlässigkeit als ausreichend genau bestimmt anzusehen, wenn wir sie mit den ursprünglich verlangten Reparaturraten errechnen.

6.7 Zum Üben

1) Bestimmen Sie die Übergangszahlen für die Anordnung der Aufgabe 1) in 4.10, indem Sie einmal alle Komponenten als gleich ansehen und zum anderen zwei Gruppen ansetzen, der ersten die Bauteile A, C, D und E zuweisen und B in die zweite legen.

2) Führen Sie die gleiche Aufgabe durch für die Anordnung aus der Aufgabe 2) in 4.10, indem Sie zum einen alle Einheiten in einer Gruppe vereinen und nochmals für den Fall, daß die 'Umschaltorgane' D, E, F, G, H und K zu einer Art und die restlichen zur anderen gehören.

7 Schwachstellenanalyse

7.1 Einführendes

Bislang haben wir uns mit der Frage beschäftigt, wie wir Zuverlässigkeit und Verfügbarkeit berechnen. Was sagen uns nun diese Kenngrößen? Sie geben an, wie sich das berechnete Modell verhält, in welchem Umfang das Abbild von Ausfällen oder Betriebsunterbrechungen betroffen ist. Ob sich die Werte auf die realen Verhältnisse übertragen lassen, das hängt davon ab, ob es uns gelungen ist, die wesentlichen Eigenschaften der ursprünglichen Anlage, der Maschine oder des Gerätes in unser Modell zu übernehmen, dem wir neben der Struktur der Anordnung auch die Daten der Komponenten zurechnen.

Sofern wir den Sachverstand des Entwicklers einer Anlage oder des Konstrukteurs einer Maschine bemühen, wird er die wesentlichen Störmöglichkeiten aufzeigen können und uns sagen, welche Abhilfen er vorgesehen hat. Die Überlegungen beim Entwickeln und Konstruieren gilt es zu formalisieren und in einen Fehlerbaum umzusetzen. Zusätzlich mag man das Konzept destruktiv durchleuchten, fahnden nach zusätzlichen, bislang übersehenen Ausfallmöglichkeiten. So gelangen wir zu einer Struktur, die den 'Stand der Technik' berücksichtigt, wie wir ihn in jedem neuen Produkt verlangen. Dieser Teil unseres Modells wird die wesentlichen Versagensfälle würdigen. Wenn wir das bestreiten wollten, müßten wir jeder neuen Entwicklung mißtrauen und gleichfalls den bereits vorhandenen; Ingenieure wären dann überflüssig, wie auch alles, was sie bislang geschaffen haben.

Mit den Daten steht es ein wenig heikler. Sie beruhen meist auf mehr oder weniger genauen Schätzungen, die jedoch, etwa im Rahmen einer Größenordnung, den tatsächlichen Verhältnissen entsprechen. Auch hier steht uns die Erfahrung zur Seite, auf die wir bei jedwedem Konstruieren angewiesen sind, auf der alle technischen Erzeugnisse beruhen.

Vor allem mit den Daten können sich Zuverlässigkeit und Verfügbarkeit merklich ändern; die berechneten Werte bringen dann keine verläßliche Aussage. Falls wir jedoch Abänderungen des Modells untersuchen, dann gilt der rechnerische Vergleich auch für das tatsächliche Vorbild, weil wir die vorherrschenden Versagensursachen mit dem nötigen Sachverstand erfassen. Eine Zuverlässigkeit von 0,99 mag man anzweifeln. Sofern wir dagegen nachweisen, daß eine Strukturänderung die Ausfallwahrscheinlichkeit um die Hälfte absenkt, so gilt diese Feststellung in etwa gleicher Größenordnung auch für die reale Vorlage.

In ähnlichem Zusammenhang formuliert der "Leitfaden für eine Betriebsfestigkeitsrechnung" [49]:

> "Ergebnisse von Betriebsfestigkeitsrechnungen sind stets kritisch zu bewerten. Ihr Sinn liegt häufig weniger in der Bestimmung von Lebensdauerwerten, als vielmehr im Vergleich unterschiedlicher Konstruktionslösungen oder in der vergleichenden Beurteilung verschiedener Belastungsprogramme für eine Anlage im Hinblick auf deren Lebensdauer."

Dieser Aussage schließen wir uns an, indem wir sie sinngemäß auf unser Anliegen übertragen: vornehmlich das vergleichende Beurteilen verschiedener Entwürfe liefert brauchbare Resultate.

7.2 Ansätze

7.2.1 Die Ausgangslage

Die Bezeichnung Schwachstelle verwendet man in vielen Fällen, wenn während laufender Vorgänge oder auch nachträglich, beispielsweise in der Fertigung oder etwa bei Maschinenschäden, die Aufgabe gestellt ist, häufige und wesentliche Störungen zu erkennen und ihre Ursachen aufzudecken. Wenn man sie beseitigt, verbessert man den jeweiligen Ablauf und behebt einen Teil seiner Störanfälligkeit. In der Regel beruhen die Untersuchungen auf dem statistischen Auswerten einfacher Zählungen.

144

Es kennzeichnet Schwachstellen, daß die von ihnen ausgehenden
Störungen gehäuft auftreten, im Gegensatz zu anderen mit Ursachen meist vielfältiger Natur, und daß sie leicht zu beheben
sind. Ob eine Abhilfe einfach ist, bezieht sich in der Regel auf
wirtschaftliche Größen, auf die Kosten. Und Kosten entstehen
ebenfalls, wenn Schwachstellen verbleiben, wir müssen nur später
bezahlen. So spielt die Frage nach dem Wirkungsgrad mit hinein,
den wir im Beseitigen der Mängel erzielen.

Eine Schwachstellenanalyse auf der Grundlage von Zuverlässig-
keits- und Verfügbarkeitsberechnungen sucht von vornherein, vorzugsweise in der Planungsphase, auf mögliche Mängel des Konzep-
tes oder auch des bereits ausgeführten Entwurfs hinzuweisen. Wir
werden sie auf Vergleichsrechnungen stützen, deren Ergebnisse
eine Beurteilung in wirtschaftlicher Hinsicht erlauben. Auch
hier spielt der Wirkungsgrad der eingesetzten Mittel eine Rolle.
Ein gewisses Risiko wird immer bestehen bleiben. Wie und an
welcher Stelle wir eine nicht tragbare Gefahr einschränken und
mindern, das können wir nur angemessen beurteilen, wenn wir die
erforderlichen Kosten kennen.

7.2.2   Kennwerte

In der Literatur verfolgen mehrere Ansätze das Ziel, den Einfluß
der Komponenten auf das Verhalten des Systems aufzuzeigen [05,
08, 20, 32]. Verschiedene Kennzahlen, die sich in ihrer Definition nur wenig voneinander unterscheiden, sollen die statistische Bedeutung der Einheiten erfassen und einem ordnenden Vergleich zuführen. Ihre Werte richten sich nach den Zuverlässigkeitsdaten und nach der Stellung der Komponenten innerhalb der
Systemstruktur. Ob ein Bauteil, das einen bedeutenderen Anteil
an der gesamten Funktion ausführt, das teurer sein mag als die
anderen, ob dieses Bauteil auch in erhöhtem Maße zu Ausfällen
beitragen darf: die Frage wird nicht gestellt und nicht beant-
wortet. Erst die Kosten aber entscheiden, ob ein Eingriff Sinn
hat und welchen man vornehmen soll.

7.2.3   'Optimierung'

Andere Bestrebungen setzen deswegen auf Optimierungsverfahren [O1, O2, 22, 33, 35]. Direkt oder mittelbar wird die Ausfallwahrscheinlichkeit als Zielfunktion minimiert. Als variabel gilt die Anzahl der Parallel- oder Reservekomponenten, die für eine Teilaufgabe vorgesehen werden sollen; Kosten-, Gewichts- und Raumgrenzen für die Anzahl der eingesetzten Bauteile erfassen die Nebenbedingungen. In der Regel handelt es sich um nichtlineare, ganzzahlige Optimierungsaufgaben.

Im Gegensatz zu dem vorherigen nimmt dieser Ansatz zwar Kostengrenzen als Nebenbedingung in die Rechnung auf, aber mit derartigen Verfahren vertraut man sich Entscheidungsmechanismen an, die ausschließlich die starren Vorgaben beachten; gegenüber allen anderen Erwägungen stellen sie sich blind und taub. Leicht täuscht die Zusicherung, 'die optimale Lösung' zu liefern, eine absolute Gültigkeit vor; in Wahrheit hängt sie ab von der isolierenden, eingrenzenden Wahl der Variablen, der Zielfunktion und der Nebenbedingungen. - Welchen Einfluß müssen wir darüber hinaus ungenauen Bauteildaten zuschreiben?

Die 'optimale' Lösung ist offensichtlich nur unter einschränkenden Voraussetzungen die wirklich beste, zumal dann, wenn man wählen kann aus einer Vielfalt unterschiedlicher technischer Möglichkeiten, um die jeweils geforderte Teilfunktion nach verschiedenen physikalischen Prinzipien zu erfüllen. Deswegen sehen wir uns in unserer Auffasssung bestärkt, daß der Systementwickler über die Auslegung zu entscheiden hat; er vermag eher alle technischen Randbedingungen wie die Folgen unterschiedlicher Maßnahmen zu überblicken. In dieser Aufgabe müssen wir ihn unterstützen, ihn mit Entscheidungshilfen versorgen und sein Augenmerk auf kritische Bereiche lenken. Es ist dann seine Aufgabe, den Aufwand gegen den Ertrag abzuwägen, den Wirkungsgrad der zusätzlich eingesetzten Mittel abzuschätzen; er hat zu beurteilen, ob sich der Einsatz an dieser oder jener Stelle lohnt.

7.2.4   Vergleichsrechnungen

Bei unserem Ansatz gehen wir nicht aus von geringfügigen Änderungen, deren Kosten sich kaum abwägen lassen. Nein, wir führen in kräftigen Sprüngen zusätzliche Redundanz ein, die wir in unserem realen Vorbild auch tatsächlich nachvollziehen können. Die zugefügte Redundanz senkt die Ausfallwahrscheinlichkeit und auch die Nichtverfügbarkeit des Systems. So lassen sich die Kosten des weitergehenden Aufwandes ohne Mühe abschätzen und dem Ertrag gegenüberstellen.

Wir nehmen etwa an, daß jede Komponente als Parallelanordnung doppelt eingesetzt werden darf, und kümmern uns vorerst nicht darum, ob diese Maßnahme in den Rahmen der technischen Randbedingungen sich einfügt oder nicht. Für jeden Typ der Bauteile führen wir eine gesonderte Rechnung durch, die auf die vorher bestimmten Werte zurückgreift, soweit das möglich ist. Ob nun ein verbesserter Entwurf tatsächlich den hypothetisch angesetzten Parallelanordnungen folgt oder ob andere Maßnahmen zu ergreifen sind, diese Frage überlassen wir dem speziellen technischen Sachverstand des Systementwicklers. Nur wo die zusätzliche Redundanz, etwa in der Form verdoppelter Bauteile einen merklichen Ertrag verspricht, dort werden auch andere Maßnahmen einen ausgeprägten Erfolg erzielen.

Die Abnahme der Versagenswahrscheinlichkeiten mißt den Gewinn, den man unmittelbar auf den Aufwand, auf die Kosten des zusätzlichen Bauteils beziehen kann. Die obersten Plätze in der Rangfolge dieser Quotienten wollen wir als Schwachstellen bezeichnen. Gemessen am Einsatz, sie zu beheben, stellen sie eine meist ansehnliche Minderung der Versagensfälle in Aussicht.

Die Ergebnisse unserer Zuverlässigkeitsrechnung hängen weitgehend ab von den Daten, die wir den Komponenten zuordnen. Wie sollen wir das Resultat beurteilen, wenn wir diese Größen nicht genau kennen, wenn es sich um rohe Schätzungen handelt? Unseren

Ergebnissen können wir nur vage vertrauen. Auch unter diesem Gesichtspunkt lohnen sich Vergleichsrechnungen, die gewissermaßen eine Schwachstellenanalyse der Datenbasis darstellen; wir nennen sie Einflußanalyse.

Statt nacheinander jede Komponente durch etwas besseres, durch die Parallelanordnung zu ersetzen, nehmen wir nun eine drastische Verschlechterung an, die beispielsweise die Ausfallrate mit ihrem zehnfachen Wert in die Rechnung eingehen läßt. Durch diesen Ansatz steigt die Ausfallwahrscheinlichkeit. Falls sich die relative Änderung für ein Bauteil als gering erweist, dann kommt ungenauen Daten kein wesentlicher Einfluß zu. Vervielfacht die höhere Ausfallrate einer anderen Komponente die Ausfallwahrscheinlichkeit des Systems, so verschärft sich die Lage: entweder müssen wir uns genauere, verläßliche Daten beschaffen oder andere, bessere Komponenten vorsehen oder auch die Struktur des Systems so ändern, daß dieser Einfluß abnimmt.

Diese Einflußanalyse erlaubt es uns, die Rechnung von vornherein mit groben Schätzwerten anzusetzen. Das Ergebnis zeigt dann, welche Komponenten mit den angenommenen Daten einen beachtlichen Einfluß ausüben und welche sich kaum bemerkbar machen; nur noch die einflußreichen Stellen erfordern ein Verfeinern oder Umgestalten.

7.3 Wälzlagersystem

7.3.1 Was untersuchen wir?

Ein einfaches Lagersystem ist leicht zu berechnen; ein kleiner Rechner führt die Aufgabe zugleich mit der Lagerauslegung durch. Als spezielles Beispiel mit verschiedenen Lagern wählen wir ein gängiges LKW-Getriebe, das Synchroma-Getriebe S 6-80. Ich danke der Zahnradfabrik Friedrichshafen hier für die freundliche und bereitwillige Unterstützung und Hilfe, wie auch für die überlassenen Unterlagen.

In dem Getriebe finden wir eine Reihe von Wälzlagern, die sowohl hinsichtlich der Betriebsbedingungen sich unterscheiden, wie auch in der zeitlichen Folge der Beanspruchungen. Alle sonstigen Komponenten lassen wir außer acht, um uns ausschließlicn dem Lagersystem zuzuwenden.

Abb.69 zeigt das Getriebe, im oberen Teil als Schnittzeichnung, mit der Antriebswelle links und der Abtriebswelle rechts, welche auf der einen Seite in dem Zapfwellenlager der Antriebswelle geführt ist. Unten finden wir die Zwischenwelle.

Die Stirnräder, teils schräg, teils gerade verzahnt, laufen in Nadellagern auf den Wellen. Je nach Stellung der Kupplungen sind einige mit ihrer Welle verbunden und drehen sich so wie sie. Die zugehörigen Lager stehen still und unterliegen demnach keiner dynamischen Belastung, welche die Grundlage der Lebensdauerberechnung nach der Ermüdungstheorie bildet; sie sind in dieser Betriebsart auf statische Sicherheit auszulegen. Kaum nennenswerte Kräfte wirken zur gleichen Zeit auf die anderen, gegenüber den Wellen frei umlaufenden Stirnräder, so daß sie ebenfalls keiner dynamischen Beanspruchung unterliegen.

Also werden lediglich die Lager der Wellen dynamisch belastet. Das Schema in Abb.70 zeigt ihre Zuordnung zum oberen Bild; wir bezeichnen sie fortlaufend mit W_1 bis W_5.

Welche Struktur beschreibt das Verhalten des Lagersystems? Es liegt eine einfache Reihenanordnung nach Abb. 71 vor, weil jedes versagende Lager ein wie auch immer auszuführendes, umfangreicheres Instandsetzen durch Fachkräfte erfordert. So haben wir eine sehr einfache Anordnung zu untersuchen, die es uns erspart, die komplizierteren Rechenverfahren einzusetzen.

Unser Vorbild untersuchen wir lediglich hinsichtlich seiner Zuverlässigkeit als Verfügbarkeit bei verschwindender Reparaturrate; sie führt auf die konventionell berechnete Lebensdauer. Das Instandsetzen schließen wir aus unserer Berechnung aus.

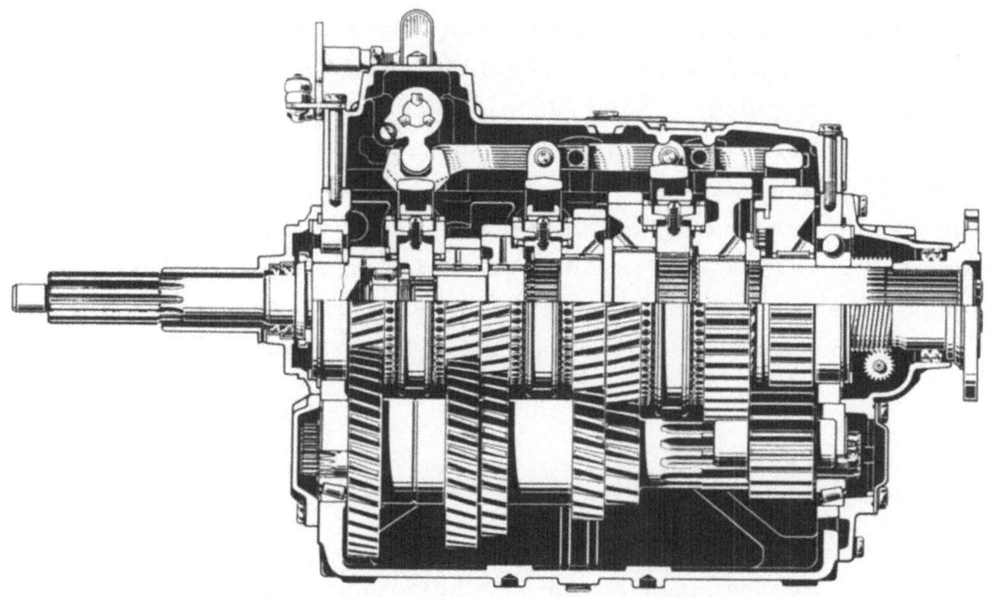

Abb.69: ZF-Synchroma-Getriebe S 6-80 (Werksbild ZF)

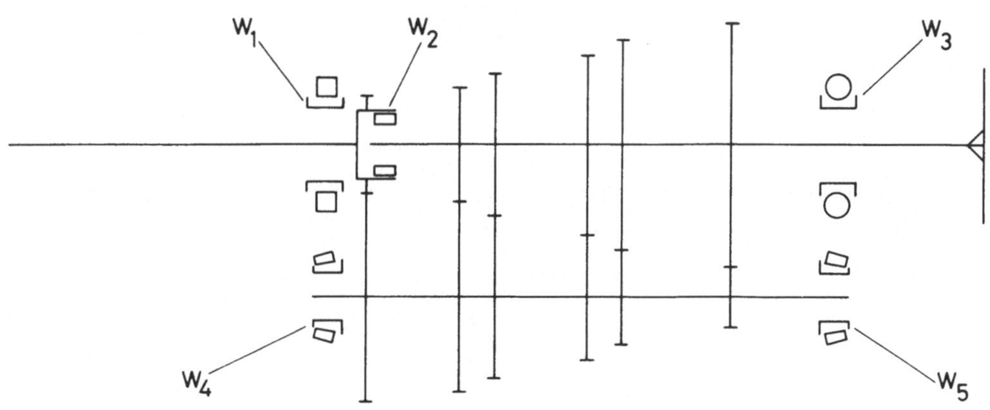

Abb.70: Schema der Wellenlager

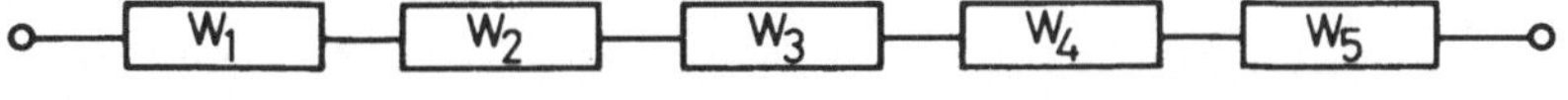

Abb.71: Reihenanordnung der Wellenlager

150

Warum schränken wir uns derart ein? Unser reales Vorbild, das
Getriebe im LKW, wird in regelmäßigen Abständen untersucht.
Beginnende Schäden werden dabei rechtzeitig festgestellt und
behoben, sofern schwerwiegende Auswirkungen vor der nächsten
Inspektion zu erwarten sind. Man möchte wissen, in welchem Umfang diese Maßnahmen der vorbeugenden Instandhaltung eintreten
können. Es versteht sich, daß man im Auslegen der Konstruktion
danach strebt, sie in eine ferne Zukunft zu verlegen, möglichst
jenseits der voraussehbaren wirtschaftlichen Nutzungsdauer.

7.3.2   Die Komponenten

In unserem gegenwärtigen Beispiel haben wir uns eingehender als
sonst mit den Komponenten zu beschäftigen; zunächst, weil ihre
Ausfallwahrscheinlichkeit weitgehend abhängt von den besonderen
Betriebsbedingungen, und ferner, weil das Modell, in dem wir
rechnen, der sorgfältigen Deutung bedarf, soll es uns nicht zu
falschen Schlüssen verleiten.

Wir berechnen Lebensdauern und Ausfallwahrscheinlichkeiten, die
wir eigentlich in Anführungszeichen setzen müßten; vielfach verwendet man deswegen den Ausdruck: nominelle Lagerlebensdauer.
Warum das? Grundlage der Berechnung sind die Kräfte, denen das
Lager ausgesetzt ist. Üblicherweise setzt man im konventionellen
Auslegen für Getriebelager das maximale Drehmoment ein, obwohl
man weiß, daß nur gelegentlich das volle Moment wirkt, wenn ein
bestimmter Betriebszustand vorliegt. So schätzt man die Kräfte
überaus konservativ ab. Die Ergebnisse dienen einem Vergleich
mit erprobten und in der Praxis bewährten Ausführungen, die man
unter den gleichen Annahmen durchrechnet. Daraus gewinnt man die
Aussage, ob die neue Entwicklung der alten überlegen ist oder
nicht. Die tatsächliche Gebrauchsdauer erstreckt sich oft weit
über die berechnete Lebensdauer hinaus.

Eine weitere Unsicherheit besteht in der Abschätzung des Fahr-
programms; es zieht die einzelnen Lastfälle in unterschiedlichem

Maße heran. Wir haben zu unterscheiden zwischen Kurzstrecken, wie sie im Stadtverkehr anfallen, mittleren im Überlandverkehr und schließlich dem Weitverkehr in internationalen Verbindungen. Die verschiedenen Gänge mit ihrer abweichenden Beanspruchung der Lager werden je mit anderen Schwerpunkten eingesetzt. Eine Rechnung, die den wahren Verhältnissen gerecht werden soll, muß sich auf tatsächlich im realen Einsatz gemessene Kräfte stützen und auf ihre Zeitanteile; die Ergebnisse gelten dann nur für ein Fahrprogramm gleicher Art.

Die äquivalente Belastung P eines Wälzlagers hat man aus den zeitlich veränderlichen Kräften radialer und axialer Orientierung nach vorgeschriebenen Regeln zusammenzusetzen. Sie vergleicht man mit der dynamischen Tragzahl C des Lagers, in den Katalogen der Lagerhersteller verzeichnet, einer Kraft festgelegter Richtung, unter der im Mittel 10% der Lager versagen, bevor sie 10^6 Umdrehungen erreicht haben; die restlichen 90% überstehen diese Beanspruchung, ohne merkliche Schäden aufzuweisen. Aus dem Vergleich ergibt sich die (nominelle) Lebensdauer in Millionen Umdrehungen, die 90% der Lager unter der äquivalenten Lagerbelastung P ohne erkennbare Schäden überstehen, nach:

$$L_{10} = \left(\frac{C}{P}\right)^{\dot{p}}. \qquad (7.01)$$

Für den Exponenten p setzt man die aus Versuchen gewonnenen Werte 3 für Kugellager und 10/3 für Rollenlager ein.

Aus weiteren umfangreichen Versuchen weiß man ebenfalls, daß die Ausfälle annähernd einer Weibull-Verteilung folgen. In einer normierten Form, die aus unserer Gleichung (5.09) mit:

$$\lambda = - \frac{\ln(0,9)}{(L_{10})^b} \qquad (7.02)$$

hervorgeht, erhalten wir die Ausfallwahrscheinlichkeit zu:

$$F_F(t) = 1 - \exp\left[\ln(0,9)\left\{\frac{L}{L_{10}}\right\}^b\right]. \qquad (7.03)$$

In ihr vertritt L als die Lebensdauer, bei der durchschnittlich ein Anteil von $F_F(t)$ der Lager deutliche Schäden aufweist, die frühere unabhängige Variable t. Für b setzt man 10/9 ein, falls sich die Wälzkörper punktförmig berühren, wie bei Kugellagern, oder 1,35 für eine Mischform aus Punkt- und Linienberührung, wie sie sich beispielsweise in Rollenlagern unter verschieden hohen Belastungen einstellt.

Um die Formel an das tatsächlich festgestellte Abweichen des Lagerverhaltens bei geringer Beanspruchung, also bei kleinen Ausfallwahrscheinlichkeiten anzupassen, sieht die ISO-Empfehlung R 281 den Wert b=1,5 für alle Lager vor, wenn sie Zahlen für den Beiwert a_1 festlegt. Neben den weiteren Beiwerten a_2 für verbesserte Werkstoffe und a_3 für die Betriebsumstände, wie sie durch die Schmierung gegeben sind, geht a_1 ein in die gegenüber (7.01) ergänzte Lebensdauergleichung:

$$L_{na} = a_1 a_2 a_3 \left\{ \frac{C}{P} \right\}^p, \qquad (7.04)$$

sofern man nicht unmittelbar die Weibull-Verteilung mit dem Ursprungswert b=1,5 verwendet, aus welcher der Beiwert a_1 bestimmt wurde. Der Index n bezeichnet eine Zahl; sie gibt an Stelle der früheren 10 eine geringere Ausfallwahrscheinlichkeit an, zu der beigeordnete Werte für a_1 aus vorgegebenen Tabellen einzusetzen sind.

Für ein angenommenes Fahrprogramm mit gewissen zeitlichen Anteilen in den verschiedenen Gängen erhalten wir die (nominellen) Lebensdauern L_{10} der Lager, umgerechnet in Betriebsstunden, nach Tabelle 8. Den geringsten Wert weist das Zapfwellenlager W_2 auf; es ist das schwächste. Aus anderen konstruktiven Gründen, die weniger die Lebensdauerberechnung betreffen, dominiert das Lager W_1 der Antriebswelle gegenüber den anderen.

Lager	L_{10} in Stunden
W_1	129.311
W_2	7.251
W_3	9.601
W_4	17.865
W_5	9.882

Tabelle 8

7.3.3 Ausfallwahrscheinlichkeit und Lebensdauer

Mit den Lebensdauern der Lager ermitteln wir die Ausfallwahrscheinlichkeit des Lagersystems nach der
in (7.03) angegebenen Weibull-Verteilung, indem wir die Regeln für
die Reihenanordnung beachten. Den
Steigungsparameter b setzen wir
für jedes Lager in der ursprünglichen Höhe an, die Abweichungen bei
kleinen Ausfallwahrscheinlichkeiten ignorierend. So erhalten wir
Abb.72 mit der Ausfallwahrscheinlichkeit über der Nutzungsdauer.

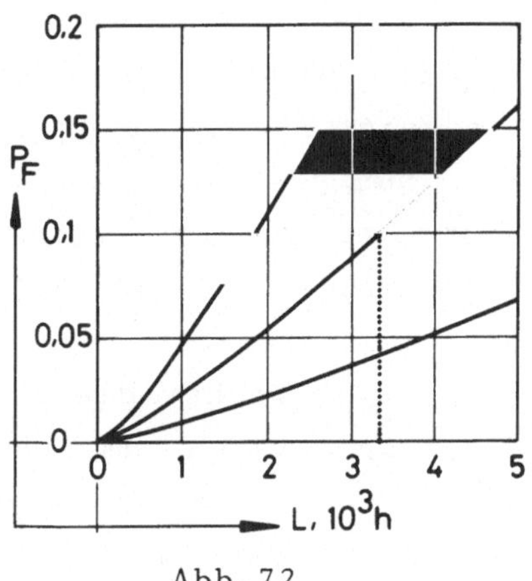

Abb.72

Die mittlere Kurve gehört zu den vorgegebenen Werten. Aus ihr
lesen wir für das Wälzlagersystem eine L_{10}-Lebensdauer von 3.331
Stunden ab. Die beiden anderen Kurven vertreten die Annahmen,
die äquivalenten Lagerbelastungen seien um 20% zu hoch oder zu
niedrig eingeschätzt; eine bescheidene Variation, angesichts des
weiten Feldes möglicher Werte. Nach diesem Ansatz verdoppeln
oder halbieren sich, rund gerechnet, die Ausfallwahrscheinlichkeiten zu gleichen Betriebszeiten; oder anders: dieselbe Ausfallwahrscheinlichkeit tritt bereits nach der halben oder erst
nach zweifacher Betriebszeit ein. Diese Aussage, das versteht
sich, gilt lediglich im Bereich sinnvoller Gebrauchsdauern. Es
liegt an der Potenz p in (7.01) mit Werten von wenigstens Drei,
daß geänderte Lagerbelastungen so durchschlagen.

Mit den vorgegebenen Werten weisen die
Lager zur Zeit der L_{10}-Lebensdauer des
untersuchten Wälzlagersystems die Ausfallwahrscheinlichkeiten nach Tabelle
9 auf; keines erreicht bis dahin eine
Versagenswahrscheinlichkeit, welche 4%
übersteigt.

Lager	$F_F(L_{10},\ Syst.)$
W_1	0,000753
W_2	0,036200
W_3	0,032017
W_4	0,010855
W_5	0.023984

Tabelle 9

154

Die Tabelle sagt uns, daß wir eigentlich den Steigungsparameter b
der geringen Beanspruchung wegen
auf 1,5 hätten setzen müssen, weil
alle Lager erst viel später ihre
L_{10}-Lebensdauer erreichen. Deswegen zeigt Abb.73 neben den früheren, nun gestrichelten Kurven die
neuen Beziehungen mit dem für alle
Lager einheitlich auf 1,5 erhöhten
Steigungsparameter. Für die mittlere Kurve wächst die L_{10}-Lebens-
dauer des Systems um mehr als 16%

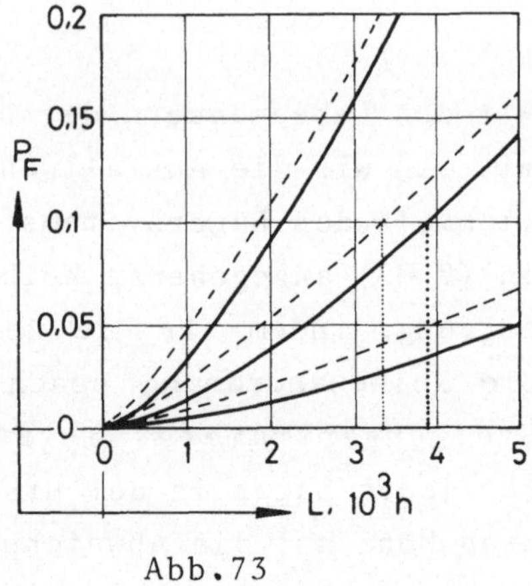

Abb.73

auf 3.878 Stunden an. Diese Veränderung würde sich noch stärker
ausprägen, wenn nicht in der Mehrzahl Rollenlager vorgesehen
wären, für die wir bereits in der ursprünglichen Rechnung den
nahe bei 1,5 liegenden Wert 1,35 eingesetzt haben.

7.3.4   Einflußanalyse

In diesem Beispiel behandeln wir die Einflußanalyse vorweg, weil
sie unmittelbar mit der Auslegungsrechnung zusammenhängt. Mit
ihr zeigen wir, wie sich Änderungen in den Parametern auf das
Ergebnis auswirken. Die äquivalente Lagerbelastung, in die An-
triebsmoment, Übersetzungen und Abstände eingehen, spielt die
ausschlaggebende Rolle und betrifft sämtliche Lager gleichermaßen. Neben sie treten individuelle Abweichungen der dynamischen Tragzahl des einzelnen Lagers von den angegebenen Mittel-
werten, Variationen in den bisher genannten Beiwerten sowie in
den Faktoren, welche die bislang nicht erwähnten Zusatzkräfte
oder Temperatureinflüsse berücksichtigen. Stellvertretend für
alle nehmen wir einerseits an, die äquivalente Lagerbelastung
könne sich verdoppeln, und zum anderen, sie würde nur die Hälfte
des ursprünglichen Wertes ausmachen. Die letzte Annahme kommt
der Wirklichkeit eher näher; wir erwähnten bereits den reichlich
konservativen Ansatz, der von dem vollen Moment ausgeht.

Unsere Wahl liefert die Ergebnisse
in Abb.74. Gegen die logarithmisch
aufgetragene Zeit messen die verschiedenen Balken die je berechnete L_{10}-Lebensdauer des Wälzlagersystems, die sich überschlägig mit

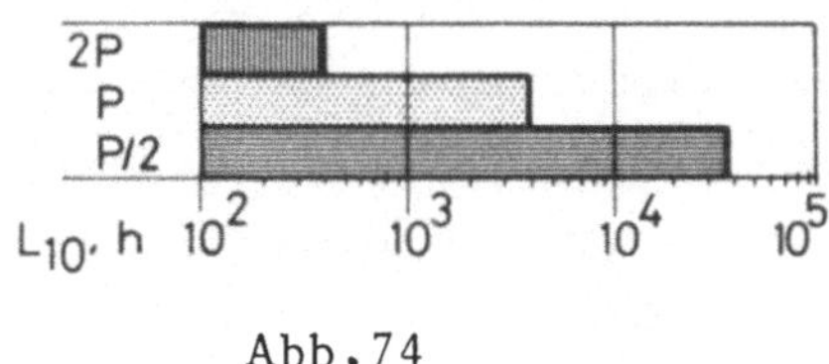

Abb.74

einer vollen Zehnerpotenz ändert, wenn die äquivalente Lagerbelastung nur um eine Zweierpotenz variiert. Das Resultat legt den
Wunsch nahe, aus Messungen im normalen Betrieb eher zutreffende
Angaben zu erhalten. So dürfen wir die üblichen Lebensdauerbe-
rechnungen für einzelne Lager wie auch für Lagersysteme und mit
ihnen die Angaben zur Zuverlässigkeit lediglich als Vergleichs-
werte ansehen, die ihre Aussagekraft erst an der Meßlatte vielfach erprobter und in der Praxis bewährter Vorbilder gewinnen.

7.3.5   Schwachstellenanalyse

Wir hatten uns vorgenommen, in der Schwachstellenanalyse jede
Komponente in einer Parallelanordnung doppelt vorzusehen, um
dann festzustellen, wie sich die Ausfallwahrscheinlichkeit des
Systems ändert. Dieser Ansatz hat seinen Sinn, wenn eine Reihe
verschiedener Komponenten vorliegt, die sich nur so einheitlich
behandeln lassen. Auch hier würden wir brauchbare Aussagen gewinnen. Da wir jedoch von vornherein nur Lager als Komponenten
aufgenommen haben, sollten wir gezielter vorgehen, dem Gegen-
stand der Untersuchung angemessener.

Zusätzliche Redundanz fügen wir nacheinander für jede einzelne
Komponente ein, indem wir die dynamische Tragzahl probeweise
erhöhen. Durchweg setzen wir den einheitlichen Faktor 1,5 für
jedes Lager an und prüfen, wie sich die Verstärkung eines jeden
Lagers auf das System auswirkt. Wir schließen uns auch weiter
der üblichen Denkweise an, indem wir an Stelle der Ausfallwahrscheinlichkeit die L_{10}-Lebensdauer des Lagersystems berechnen,
also die Zeit, zu der eine Ausfallwahrscheinlichkeit in der Höhe
0,1 zu erwarten ist.

Die Änderungen der Lebensdauer des
Wälzlagersystems zeigt Abb.75 in
einem Histogramm. Die Balken gehören je zu den drei Fällen unserer
Einflußanalyse, also für die doppelte äquivalente Belastung quer
gestreift, für den normalen Ansatz
gepunktet und bei halber Beanspruchung längs gestreift. Ihre Länge
verzeichnet die relative Änderung
der L_{10}-Lebensdauer des Systems in
Prozent, falls das betreffende Lager in seiner dynamischen Tragzahl

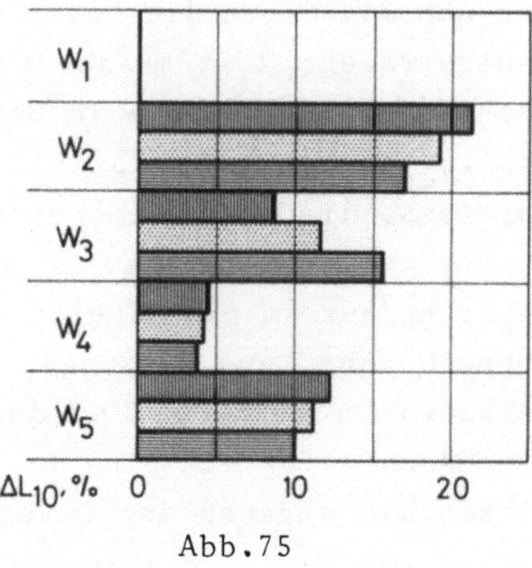

Abb.75

um 50% verstärkt würde. Beim einzigen Kugellager W3 ordnen sich
die Balkenlängen in umgekehrter Reihenfolge, weil seine Lebensdauer sich nicht so stark mit der Belastung ändert.

Im Gegensatz zur berechneten Ausfallwahrscheinlichkeit und Lebensdauer liefert die Schwachstellenanalyse weitgehend stabile
Aussagen: Das erste Lager, es war aus anderen Gründen überdimen-
sioniert, läßt in einer weiteren Verstärkung keine merklichen
Gewinne erwarten, jeweils weniger als 0,3%. Dagegen würde das
Zapfwellenlager W_2 unter der gleichen Annahme das System um etwa
20% verbessern. Wir wußten bereits, daß es das schwächste ist.
Die Schwachstellenanalyse bringt als neue Information, in welchem Ausmaß sich die angesetzte Lagerverstärkung im Verhalten
des Systems auswirkt. Man kann nun die zusätzlichen Kosten unmittelbar dem Gewinn an Lebensdauer gegenüberstellen und entscheiden, ob ein Aufbessern anzuraten ist.

Darüber hinaus lesen wir ab, daß die Lager W_3 und W_5, beide zugleich in ihrer Tragzahl angehoben, ebenfalls das Lagersystem um
überschlägig 20% verbessern würden. So erhalten wir Aussagen
nicht allein über die absolut schwächste Stelle, sondern wir
gewinnen eine ganze Staffel, nach der wir unsere Maßnahmen im
Rahmen der Forderungen und auch der technischen Möglichkeiten
ausrichten können.

Die Schwachstellenanlyse zielt darauf ab, Hinweise zu liefern. Eine tatsächlich gewählte Maßnahme muß dann erneut durchgerechnet werden. Deswegen hätten wir statt der zusätzlichen 50% für die dynamischen Tragzahlen auch größere oder kleinere Zuschläge für alle Lager wählen können. In diesem Beispiel steht es uns darüberhinaus offen, statt dessen unmittelbar die Tragzahl des nächsten Lagers aus der Katalogreihe einzusetzen. So gewinnen wir direkt einen Vergleich zwischen dem Gewinn an Lebensdauer und den Kosten einer technisch möglichen Aufbesserung statt einer hypothetischen. Folgen wir einem solchen Vorschlag, dann erübrigt sich das Nachrechnen von vornherein.

7.4 Antriebsanlage (eines Schiffes)

7.4.1   Was untersuchen wir?

Stellvertretend für andere Anlagen ähnlicher oder vergleichbarer Art wenden wir uns einem weiteren Beispiel zu, das wir aus der Schiffstechnik entnehmen. Seine Herkunft ist für uns nicht von allzugroßer Bedeutung und eigentlich auch nicht, daß es sich um einen Antrieb handelt. Es geht uns um das grundsätzliche Vorgehen und vor allem darum, welche Ergebnisse unsere Untersuchungen in einem umfangreicheren, dem praktischen Einsatz vergleichbaren Fall zu liefern vermögen.

Unsere Vorlage finden wir bei Meier-Peter [36]. Neben anderen Fragen untersuchte er mehr beiläufig und eher am Rande seines eigentlichen Vorhabens auch die Zuverlässigkeit verschiedener Schiffsantriebe. Wir greifen seine Darstellung einer konventionellen Anlage mit vier parallelen Wellen auf. Das ursprüngliche Anliegen unserer Quelle galt den grundsätzlichen Problemen koaxial geführter Wellen. In ihrer Zuverlässigkeit unterscheiden sich die beiden Ausführungen nur unwesentlich; wie wir feststellen werden, liegen die Schwachstellen und mit ihnen die ausschlaggebenden Komponenten eher im konventionellen Maschinenbereich als in der Wellenführung.

158

Teilsystem/Komponentenart	Anzahl	Zeichen	λ, $10^{-6}h^{-1}$
Elektrischer Hilfsbetrieb		EHB	
Hilfskühlwasserpumpe	4	HKP	6,66
Hilfskondensatpumpe	4	HCP	3,33
Hilfsstrahler	4	HST	0,5
Hilfskondensator	4	HKO	1,11
Kondensationsturbo	4	KTU	0,42
Atmosphärischer Kondensator	2	AKO	0,6
Gegendruckturbo	2	GTU	0,3
Speisewasser-Hilfsbetrieb		SHB	
Verdampferstrahler	4	VST	0,33
Frischwassererzeuger	2	FWE	0,33
Atmosphärischer Kondensattank	2	AKT	0,33
Dampferzeuger-Anlage		DEA	
Kessel	4	K	3,33
Überhitzer	4	Ü	2,7
Economiser	4	ECO	1,39
Luvo	4	LV	0,62
Speisewasserregelventil	4	SRV	3,33
Kesselgebläse	4	KGB	2,0
Heizölpumpe	8	HP	2,0
Heizölvorwärmer	8	HV	1,0
Speisewasserkreislauf		SKL	
Kesselspeisepumpe	8	KSP	5,0
Kondensatpumpe	8	CP	5,0
Entgaser	4	ENT	0,5
ND-Vorwärmer	4	NDV	1,0
HD-Vorwärmer	4	HDV	1,43
Kondensatorgruppe		KOG	
Hauptkondensator	4	KO	1,43
Hauptstrahler	8	STR	0,5
Hauptkühlwasserpumpe	4	KWP	1,0

Tabelle 10: Antriebsanlage, Komponentenarten der Teilstrukturen

Als unerwünschtes Ereignis sehen wir den vollständigen Verlust jeglicher Antriebsleistung an. Tritt dies ein, dann wird das Ruder nicht angeströmt: das Schiff liegt manövrierunfähig im Seegang. Damit widmen wir uns einer Frage, welche die Sicherheit des Schiffes samt seiner Besatzung betrifft.

Die Betriebsführung steht vor der Aufgabe, einen Auftrag rechtzeitig zu erfüllen. Es wäre wichtig, Zuverlässigkeit wie Verfügbarkeit der wenigstens erforderlichen Antriebsleistung zu kennen. Diese Frage eher kommerzieller Natur verfolgen wir hier nicht weiter; wir müßten die Struktur der Anordnung in geeigneter Weise umstellen.

Meier-Peter untersuchte Anlagen mit ein, zwei, drei und vier Wellen. Es ist zwar reizvoll, die Änderungen der Wahrscheinlichkeiten wie auch die unterschiedlichen Schwerpunkte in den Analysen im Laufe wachsender Redundanz zu verfolgen. Das verlangt jedoch mehr Raum, als wir ihn dieser Aufgabe hier zubilligen können. Deswegen schränken wir unsere Untersuchung ein auf die Anlage mit vier Wellen; sie weist die höchste Redundanz vor.

7.4.2   Die Komponenten

Auf der gegenüberliegenden Seite führt Tabelle 10 den ersten Teil der eingesetzten Bauteilarten auf; sie gehören zu den angegebenen Untersystemen, beginnend beim elektrischen Hilfsbetrieb, fortgesetzt über den Speisewasser-Hilfsbetrieb, die Dampferzeuger-Anlage sowie den Speisewasserkreislauf und endend mit der Kondensatorgruppe. Vor dem Kurzzeichen der Komponenten vermerkt eine Ziffer, wieviele Einheiten dieses Typs vorgesehen sind.

Die rechte Spalte listet die als konstant angesetzten Ausfallraten, die wir in zwei Fällen offensichtlicher Schreibfehler gegenüber unserer Vorlage verbessert haben. Die verschiedenen Raten dieser Tabelle überdecken einen Spielraum von reichlich einer Zehnerpotenz. Die höchsten Werte finden wir bei den Pumpen, an erster Stelle bei den Hilfskühlwasserpumpen im elektrischen Hilfsbetrieb, dicht gefolgt von Kesselspeise- und Kondensatpumpen im Speisewasserkreislauf. Mit der Ausnahme des Gegendruckturbos im elektrischen Hilfsbetrieb erscheinen die niedrigsten Raten bei den Komponenten im sich anschließenden Speisewasser-Hilfsbetrieb.

Unten vermerkt Tabelle 11 die restlichen Bauteilgruppen. Wir schließen uns unserer Vorlage an und verzichten darauf, sie zu Teilsystemen zusammenzufassen. Wie in der vorhergehenden Tabelle führen wir die jeweilige Anzahl der Einheiten auf nebst ihren Kurzzeichen und den gleichfalls als konstant angesehenen Ausfallraten.

Auch hier ragt die Schmierölpumpe mit einer höheren Rate vor den anderen Bauteilen heraus. Dagegen erweitern alle Komponenten, die sich unmittelbar an den Wellen befinden, die Spanne der Raten um gut eine Zehnerpotenz zu kleineren Werten.

Komponentenart	Anzahl	Zeichen	$\lambda,\ 10^{-6}h^{-1}$
ND-Turbine	4	NDT	0,78
HD-Turbine	4	HDT	0,78
RW-Turbine	2	RWT	0,78
Schmierölkühler	8	SMK	1,43
Schmierölpumpe	8	SMP	3,33
Getriebe	4	GET	0,47
Drucklager	4	DRL	0,04
Wellen- und Flanschkupplungen	4	WK	0,01
Lauflager	14	LL	0,02
Innenabdichtung der Welle	4	DI	0,03
Stevenrohrlager	10	STL	0,06
Außenabdichtung der Welle	4	DA	0,03
Propeller	4	PR	0,02

Tabelle 11: Antriebsanlage, weitere Komponentenarten

Wie sich das Instandsetzen auswirkt, hat unsere Quelle nicht behandelt und auch keine Werte für Reparaturraten angegeben. Da wir genauere Daten nicht kennen, setzen wir einen zugegebenermaßen reichlich rohen und groben Schätzwert an, indem wir sämtlichen Komponenten ohne Ausnahme die konstante Reparaturrate $\mu=0.00137/h$ zuordnen, deren Kehrwert MTTR (mean time to repair) als mittlere Zeit bis zur erfolgreichen Ausführung rund gerechnet einen Monat ausmacht.

Für schwierige Fälle, die umfangreichere Maßnahmen erfordern, schließt unser Ansatz das Anlaufen des nächsten Hafens ein, in dem zumindest ein notdürftiges Instandsetzen erfolgen kann. Mit einer wesentlich kürzeren Zeit wird man auskommen bei weniger komplizierten Teilen, sie unter Umständen bereits auf See instandsetzen oder auch gegen bereitgehaltene Reserveteile auswechseln, um ihre Funktionsfähigkeit wiederherzustellen. Unsere Annahme führt uns somit zu konservativ abgeschätzten Ergebnissen; die tatsächlichen Erfahrungen werden gegenüber unserem Modell eher günstiger ausfallen.

Neben den Ausfallraten der Bauteile sollten wir auch ihre Reparaturraten einer Einflußanalyse unterziehen. Dann sehen wir, ob sich ein schnelleres Instandsetzen einzelner Bauteile im Ergebnis merklich äußert und welche Komponenten davon betroffen sind. Eine verfeinerte und genauere Rechnung verlangt dann nur noch für sie die richtigen Angaben, welche die üblichen Vorgänge des praktischen Betriebes berücksichtigen.

7.4.3   Die Anordnung

Die Struktur der Anordnung zeigt Abb.76 auf der nächsten Seite als Blockdiagramm. Gemäß der Zahl der Wellen erscheinen die meisten Bauteile vierfach, einige in höherer und wenige in geringerer Anzahl. Die Antriebsanlage setzt sich so aus 190 individuellen Einheiten zusammen, welche je einer der 39 Komponentenarten angehören.

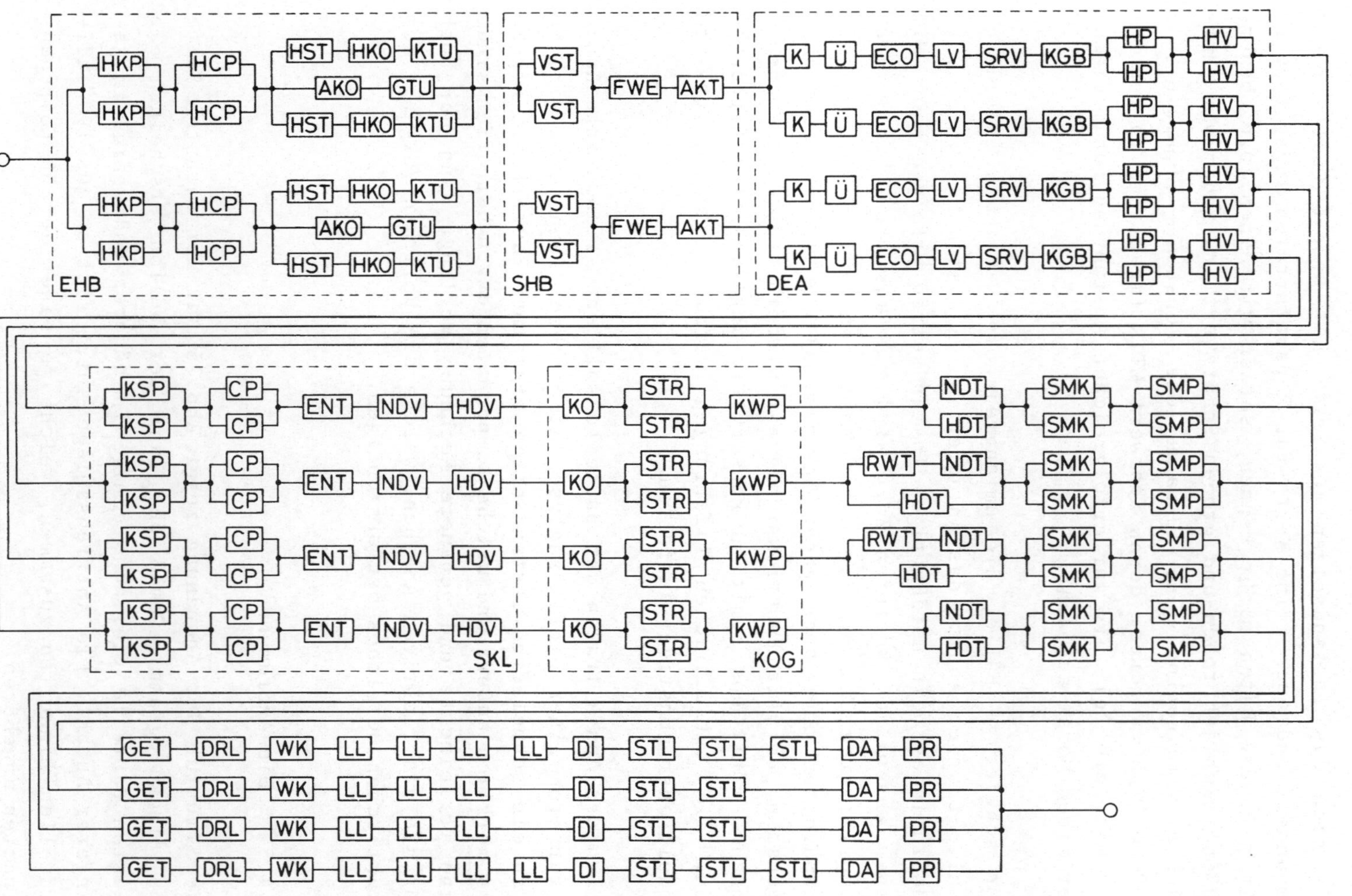

Abb.76: Antriebsanlage, Zuverlässigkeitsblockdiagramm

Entgegen unserem üblichen Brauch unterscheiden wir in diesem
Beispiel ausnahmsweise die verschiedenen Komponenten gleicher
Art nicht durch einen zusätzlichen Index. Einerseits reicht der
Platz der einen Seite dafür nicht aus und zum anderen tritt jede
individuelle Komponente nur genau einmal in dem Blockdiagramm
auf, so daß wir lediglich das Gruppenzeichen vermerken; indem
wir das Symbol eines Bauteiltyps wiederholen, meinen wir hier
eine neue, wohl gleiche Einheit, aber keine Mehrfachnennung ein
und derselben Komponente.

Es liegt uns eine Reihen-Parallelanordnung der einfachen Art
vor, die wir gestaffelt, von den Komponenten ausgehend, über die
Teilsysteme bis zur vollständigen Anordnung durchrechnen. Zweifach abgesetzt, zeigt das Blockdiagramm in der ersten Reihe den
elektrischen Hilfsbetrieb, den Speisewasser-Hilfsbetrieb und die
Dampferzeuger-Anlage. In der zweiten Reihe folgen dann Speisewasserkreislauf, Kondensatorgruppe und Turbinen mit Schmieröl-
kühler und Schmierölpumpen, während sich in der letzten neben
den Getrieben alle Bauteile anschließen, die unmittelbar dem
Führen der vier Wellen dienen.

Von sämtlichen Komponenten treten in dem Blockdiagramm lediglich
die Frischwassererzeuger und die atmosphärischen Kondensattanks
zweifach auf, ohne daß sie durch andere Einheiten zusätzlich
abgesichert wären. Unsere Quelle hat in der Struktur die Vorräte
an gebunkertem Frischwasser außer acht gelassen; sie bewirken in
der Tat eine weitere Redundanz, ein zusätzliches Überbrücken.
Ob dieser Bereich sich trotz der verhältnismäßig niedrigen Ausfallraten der Bauteile als kritisch herausstellt, werden wir im
Rahmen der Schwachstellenanalyse prüfen.

7.4.4   Zuverlässigkeit und Verfügbarkeit

Mit der vorliegenden Struktur und den gegebenen Daten erhalten
wir als ein erstes Ergebnis der Rechnung die Ausfallwahrscheinlichkeiten und die Nichtverfügbarkeit des Antriebes, ihre Einer-

komplemente legen die Zuverlässigkeiten wie die Verfügbarkeit fest.
Abb.77 zeigt die unterschiedlichen
Wahrscheinlichkeiten des Versagens
in logarithmischer Skala über dem
Zeitraum eines Jahres, nach Quar-
talen unterteilt. Sofern wir keine
der ausgefallenen Komponenten wieder instandsetzen, das System also sich selbst überlassen, bis das
unerwünschte Ereignis eingetreten
ist, dann steigt die Ausfallwahrscheinlichkeit rasch an; das zeigt

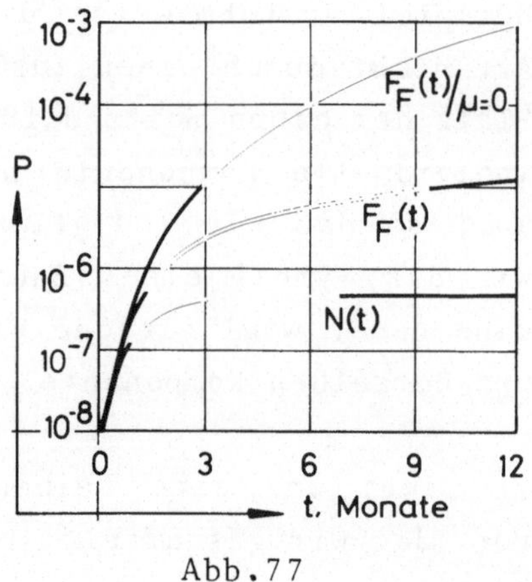

Abb.77

die obere Kurve. Unter dieser Annahme versagen nach einem Jahr
im Mittel 0,1% der Antriebe. Stellen wir dagegen die Funktionsfähigkeit ausgefallener Bauteile in dem geringen Ausmaß wieder
her, den wir mit der bescheiden angesetzten Reparaturrate annahmen, dann erreicht die Ausfallwahrscheinlichkeit nach dem Ablauf
eines Jahres einen um rund zwei Zehnerpotenzen verminderten
Wert, wie ihn die Kurve in der Mitte vorweist. Nochmals um an-
derthalb Zehnerpotenzen niedriger liegt der stationäre Endwert
der Nichtverfügbarkeit; fast erreicht sie ihn bereits im ersten
Quartal.

7.4.5   Ausfall- und Reparaturraten des Antriebes

Ebenfalls in logarithmischer Teilung verzeichnet Abb.78 die
Raten des Antriebes. In der Mitte verläuft die Ausfallrate, die
wir berechnen, falls alle Reparaturraten der Komponenten verschwinden, wenn wir also auf jegliches Instandsetzen verzichten.
Am Ende des Jahres erreicht sie die Höhe von $4 \cdot 10^{-7}$/h. Auf einem
um mehr als zwei Zehnerpotenzen tieferen Niveau bleibt sie, sobald wir die niedrig angesetzten Reparaturraten berücksichtigen,
wie es die untere Linie zeigt; sie nähert sich rasch einem konstanten Wert knapp unter $2 \cdot 10^{-9}$/h. Ganz oben sehen wir die Reparaturrate des Antriebes, nahezu auf gleichbleibender Höhe; sie

erreicht gegenüber den Komponenten etwas mehr als den zweieinhalbfachen Wert. Die hohe Redundanz der Anordnung sorgt dafür, daß sämtliche Raten günstigere Werte aufweisen als die meisten Komponenten.

Nachdem die Raten für den Ausfall und das Instandsetzen ihre stationären Endwerte erreichen, können wir die weitere Rechnung abkürzen, indem wir die Anordnung in unserer Rechnung ersetzen durch ein einzi-

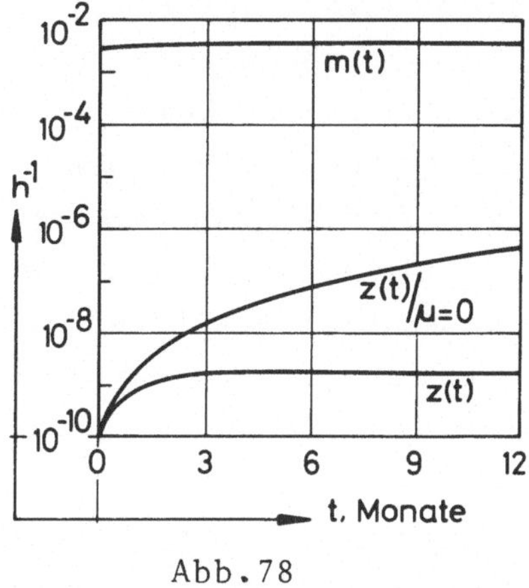

Abb.78

ges Bauteil, dem wir diese dann gleichbleibenden Raten zuordnen; wir sind nicht mehr darauf angewiesen, die ursprünglichen Differentialgleichungssysteme für die weitere Zukunft auszuwerten.

Nur falls wir die Ausfallwahrscheinlichkeit ohne Instandsetzen berechnen, mit verschwindenden Reparaturraten, dann haben wir die einfachen Regeln gestaffelt auf die Anordnung anzuwenden; diese Aufgabe bereitet uns allerdings weniger Mühe.

7.4.6   Schwachstellenanalyse

In der Schwachstellenanalyse gehen wir gemäß unserem ursprünglichen Ansatz vor und nehmen für eine der 39 Komponentengruppen nach der anderen an, ihre Mitglieder seien je zweifach parallel eingesetzt. Dann ändert sich die Ausfallwahrscheinlichkeit wie die Nichtverfügbarkeit der Anordnung, sie vermindern sich. Die Abnahme beziehen wir auf die ursprünglich berechnete Größe und messen sie in Prozent. In diesen Vergleichsrechnungen berücksichtigen wir das Instandsetzen und wählen als Zeitpunkt das Ende des ersten Jahres. Auf der übernächsten Seite zeigt Abb.79 als Balkendiagramm die Schwachstellen hinsichtlich der Ausfallwahrscheinlichkeit und Abb.80 in gleichem Maßstab, wie sich die Nichtverfügbarkeit ändert.

Die beiden Histogramme ähneln sich. Ein Verdoppeln bringt bei der Mehrzahl der Bauteiltypen keine merkliche Abnahme der Versagenswahrscheinlichkeiten. Auch andere Formen zusätzlicher Redundanz in diesen Komponenten werden die Anordnung kaum nennenswert verstärken, selbst wenn wir noch so zuverlässige Einheiten verwenden. Zu ihnen gehören neben den Getrieben gerade die Lager und Dichtungen, in denen sich die konventionellen Antriebe von den koaxial geführten Wellen nach der Untersuchung Meier-Peters unterscheiden. Deswegen weichen die Zuverlässigkeiten der beiden Alternativen nur geringfügig voneinander ab.

Im Gegensatz dazu heben sich die Frischwassererzeuger und die atmosphärischen Kondensattanks vor allen anderen Bauteilen heraus, in der Verfügbarkeit um einige Prozent stärker als in der Ausfallwahrscheinlichkeit. Würde man die Komponenten einer dieser Gruppen insgesamt vierfach einsetzen, wie es bereits für die Verdampferstrahler vorgesehen ist, dann verminderten sich die Versagenswahrscheinlichkeiten je um mehr als die Hälfte.

Bereits im Blockdiagramm sahen wir, daß diese Komponenten als einzige lediglich zweifach vorgesehen sind, ohne durch andere Bauteile zusätzlich abgesichert zu sein. Im Vergleich zu den sonstigen Einheiten der Untersysteme kann die geringere Ausfallrate kaum die mäßige Redundanz ausgleichen. Weil in der Wirklichkeit das gebunkerte Frischwasser als weitergehende Redundanz hinzukommt, können wir diese beiden Schwachstellen nicht in voller Höhe würdigen. Wir gehen im folgenden Abschnitt ein auf eine verbesserte Struktur; sie wird den tatsächlichen Verhältnissen eher gerecht und läßt die verbleibenden Schwachstellen deutlicher hervortreten.

Gegenüber den beiden herausragenden Komponenten vermindert sich die Wahrscheinlichkeit des Ausfalls stärker als die Nichtverfügbarkeit, wenn wir andere Bauteile doppelt einsetzen. In der weiteren Folge erscheinen zunächst die Kessel und Speisewasserregelventile, nach ihnen Überhitzer und Kesselgebläse. Bei allen weiteren Einheiten liegt der Gewinn nahe bei 10% oder darunter.

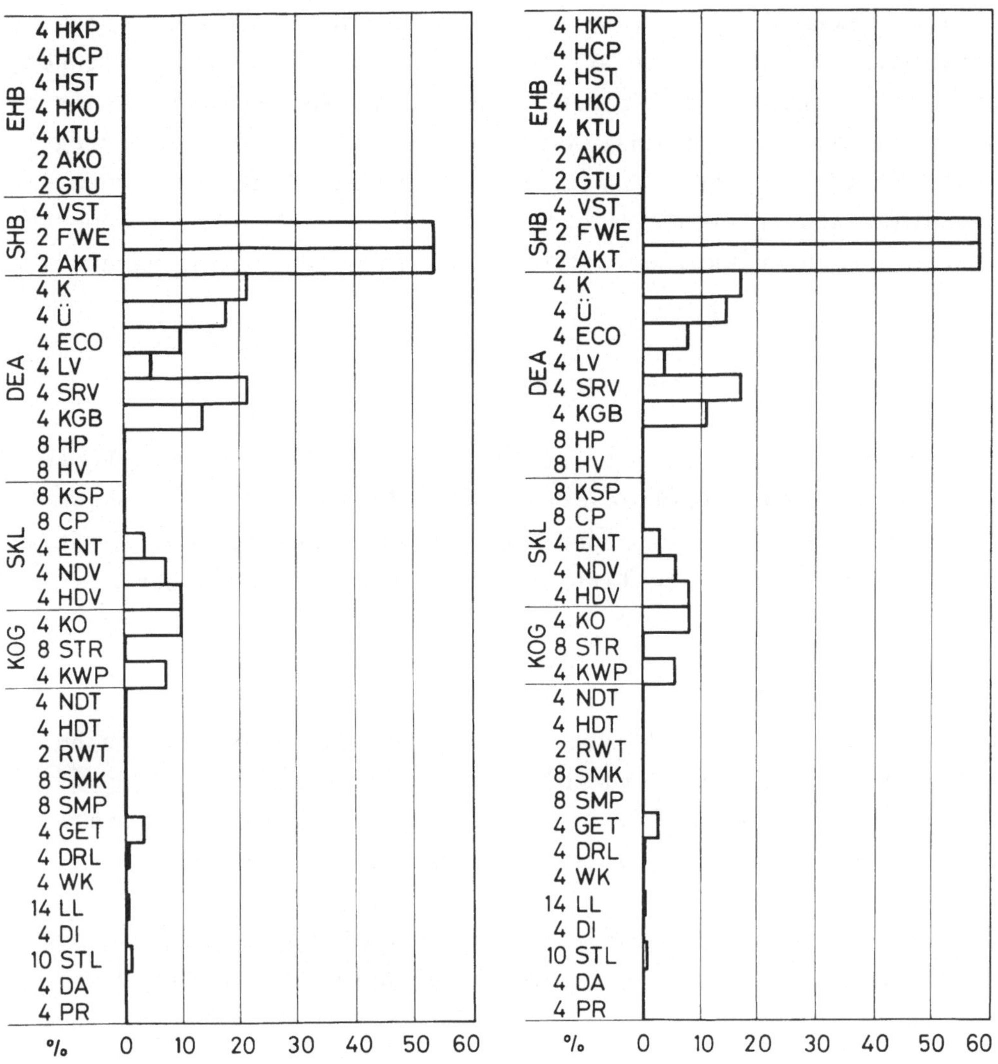

Abb.79: Relative Abnahme der Ausfallwahrscheinlichkeit der Antriebsanlage in %; alle Bauteile je einer Gruppe doppelt parallel eingesetzt.

Abb.80: Relative Abnahme der Nichtverfügbarkeit der Anlage in %; alle Bauteile je einer Gruppe doppelt parallel eingesetzt.

Um die Schwachstellen in wirtschaftlicher Hinsicht angemessen zu
würdigen, müßten wir die Abnahme der Versagenswahrscheinlichkeiten auf die Kosten der zusätzlichen Bauteile beziehen. Ein grober Vergleich reicht uns. Nach ihm sind die Speisewasserregelventile bei gleicher Abnahme der Wahrscheinlichkeiten vor den
Kesseln einzuordnen und sicher auch die Kesselgebläse; gemessen
am geringeren Aufwand erzielen wir einen höheren Wirkungsgrad.

7.4.7   Einflußanalyse der Ausfallraten

Weitere Einsichten vermittelt uns eine Einflußanalyse, die wir
hier auf die Ausfallraten erstrecken. Im Gegensatz zur Schwachstellenanalyse gehen wir nun aus von der Annahme, die Ausfallrate einer jeden Bauteilart sei um den Faktor 10 höher als ursprünglich angesetzt; für kleine λt bedeutet das eine zehnfache
Ausfallwahrscheinlichkeit. Die höheren Wahrscheinlichkeiten des
Versagens berechnen wir zum Ende des ersten Jahres. Balkendia-
gramme zeigen in Abb.81 den Zuwachs für die Ausfallwahrscheinlichkeit und in Abb.82 für die Nichtverfügbarkeit; im Gegensatz
zur Schwachstellenanalyse geben wir die Änderung nicht in Prozent an, sondern in Vielfachen des vorher berechneten Wertes.

Mit wenigen Ausnahmen entspricht das Bild dem der Schwachstellenanalyse. Auf eine geringere Zuverlässigkeit einer Mehrzahl
der Bauteile reagieren die Werte der Anordnung kaum erkennbar;
diese Komponenten dürften durchaus häufiger versagen, ohne den
Antrieb zu gefährden. Die Einheiten, die bereits in der Schwachstellenanalyse hervortraten, melden sich auch hier mit hohen
Werten. An vorderster Stelle finden wir wieder die Frischwassererzeuger und atmosphärischen Kondensattanks, in der Nichtverfügbarkeit stärker ausgeprägt als in der Ausfallwahrscheinlichkeit.
Neben ihnen treten in nahezu gleichem Maße die Hilfskühlwasserpumpen hervor; obwohl es sich bei ihnen nicht um Schwachstellen
handelt, gefährden sie die Funktionsfähigkeit der Anlage, falls
ihre tatsächlichen Ausfallraten die in der Rechnung angesetzten
Werte, die höchsten von allen, noch beträchtlich übersteigen.

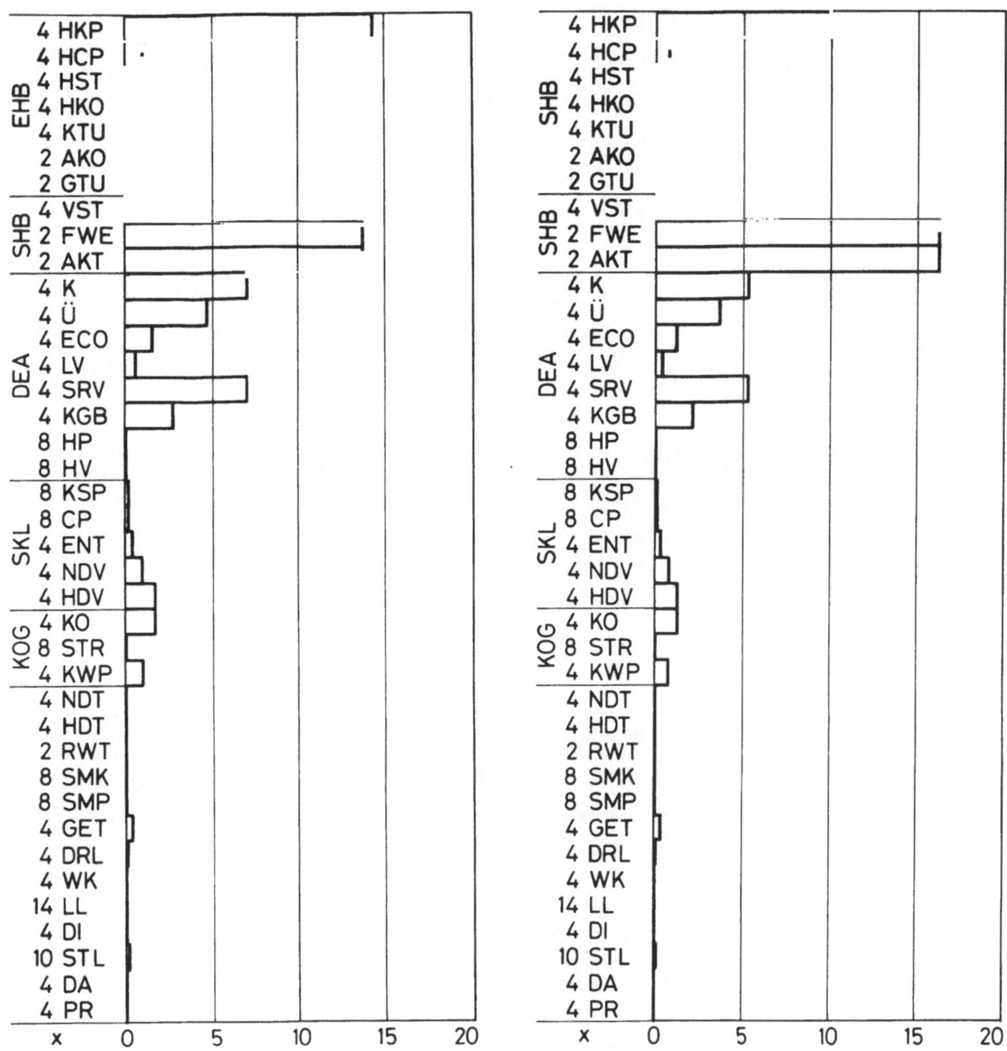

Abb.81: Relativer Zuwachs der Ausfallwahrscheinlichkeit der Antriebsanlage; alle Bauteile je einer Gruppe mit zehnfacher Ausfallrate

Abb.82: Relativer Zuwachs der Nichtverfügbarkeit der Anlage; alle Bauteile je einer Gruppe mit zehnfacher Ausfallrate

Den drei Spitzenreitern schließen sich die Bauteile an, die
bereits in der Schwachstellenanalyse den führenden Komponenten
folgten. Wie dort treten die geringfügig anders abgestuften
Änderungen in der Ausfallwahrscheinlichkeit stärker hervor als
in der Nichtverfügbarkeit. In diese Gruppe schließen auch die
Hilfskondensatpumpen auf.

Oft führen die beiden Analysen zu denselben Schwerpunkten, aber
nicht immer. Sofern sie übereinstimmen, werden Maßnahmen des
Aufbesserns in beiden Fällen zu anderen Werten führen. Sollten
sie nicht zusammentreffen, wie etwa bei den Hilfskühlwasserpumpen, dann muß man prüfen, ob die Ausfallraten nicht bereits
reichlich konservativ angesetzt wurden. Andernfalls empfiehlt
sich auch hier ein Aufbessern.

7.4.8   Einflußanalyse der Reparaturraten

Als wir die Reparaturraten grob in konservativer Richtung ab-
schätzten, hatten wir uns vorgenommen, sie gleichfalls einer
Einflußanalyse zu unterziehen. Wir folgen unserem Vorsatz, indem
wir einer Bauteilgruppe nach der anderen die doppelte Reparaturrate zuordnen, also die mittlere Reparaturzeit um die Hälfte
auf rund zwei Wochen verkürzen. Diese Maßnahme führt zu kleineren Wahrscheinlichkeiten des Versagens. Abb.83 weist nach, um
wieviel Prozent die Ausfallwahrscheinlichkeit abnimmt, und
Abb.84 in gleichem Maßstab, wie sich die Nichtverfügbarkeit vermindert, je nach Ablauf des ersten Jahres. Wir finden dieselben
Schwerpunkte wie in der Schwachstellenanalyse, nicht anders abgestuft als dort, weil jegliches Aufbessern allein in den
Schwachstellen merklichen Gewinn verheißt; nur der Aufwand ver-
lagert sich von den Sachkosten zu den Personalkosten.

Abweichend von allen bisherigen Analysen geht die Nichtverfügbarkeit durchweg stärker zurück als die Ausfallwahrscheinlichkeit; in den führenden Komponenten vermindert sie sich fast um
den doppelten Prozentsatz.

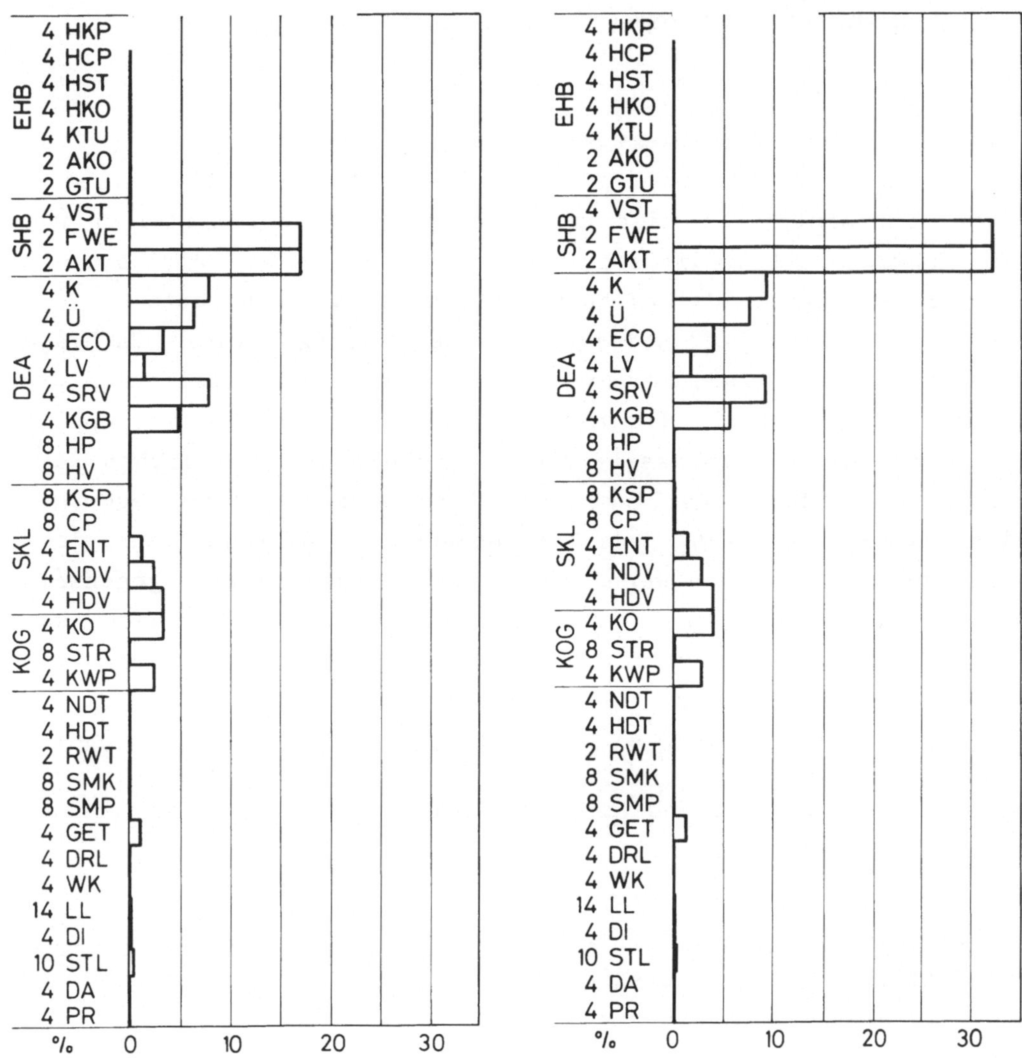

Abb.83: Relative Abnahme der Ausfallwahrscheinlichkeit der Antriebsanlage in %; alle Bauteile je einer Gruppe mit doppelter Reparaturrate.

Abb.84: Relative Abnahme der Nichtverfügbarkeit der Anlage in %; alle Bauteile je einer Gruppe mit zweifacher Reparaturrate.

7.5 Aufgebesserte Antriebsanlage (eines Schiffes)

7.5.1   Welche Maßnahme wählen wir?

Zwei Komponentenarten der vorgelegten Struktur ermittelten wir
als Schwachstellen, die sich jedoch im praktischen Betrieb nicht
in dem berechneten Umfang auswirken, weil das gebunkerte Frischwasser für einen zeitweiligen Ausgleich sorgt. Diese Sachlage
nehmen wir zum Anlaß, der Hypothese in der Schwachstellenanalyse
zu folgen, indem wir die ausschlaggebenden Bauteile je doppelt
vorsehen: die Frischwassererzeuger wie die atmosphärischen Kondensattanks. Damit verlieren sie ihre Sonderstellung gegenüber
den anderen Bauteilen. Jede Teilaufgabe ist nun mindestens vierfach vorgesehen, auch wenn sich nicht stets alle vier gegenseitig vertreten können. In unserem Vorgehen weisen wir nach, wie
wir die Analyse sinnvoll einsetzen, zugleich die neue Struktur
als Ersatz für die wirklichen Verhältnisse wertend.

7.5.2   Zuverlässigkeit und Verfügbarkeit

Als breit ausgezogene Kurven zeigt
Abb.85 die unterschiedlichen Wahrscheinlichkeiten des Versagens der
so aufgebesserten Anordnung. Neben
ihnen erscheinen gestrichelte Linien, die wir der früheren Abb.77
zum Vergleich entnehmen. Falls wir
Ausfälle nicht beheben, verändert
der neue Ansatz nicht allzuviel:
die beiden oberen Kurven weichen
nur zu Beginn stärker voneinander
ab; zum Ende des Jahres nähern sie
sich bis auf rund 30%. Überschlä-

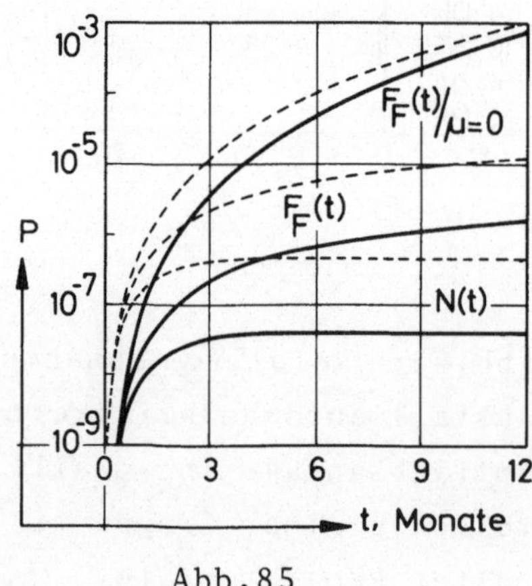

Abb.85

gig gewinnen wir jedoch mit den vier zusätzlichen Komponenten je
eine volle Zehnerpotenz in der Nichtverfügbarkeit wie in der

Ausfallwahrscheinlichkeit, sobald wir das Instandsetzen berücksichtigen. Dieser Abstand erhält sich auch beständiger über
längere Zeit. Neun von zehn Verlusten, die die ursprüngliche
Anordnung erwarten ließ, können wir so vermeiden und das Risiko
beträchtlich absenken.

7.5.3   Ausfall- und Reparaturraten des Antriebes

Die Raten der neuen Anordnung sehen wir in Abb.86 wieder als breit
ausgezogene Kurven neben den früheren, die wir zum Vergleich gestrichelt einzeichnen. Gemäß den
mittleren Kurven nähert sich die
Ausfallrate immer mehr dem früheren Verlauf, sofern wir sämtliche
Reparaturraten auf Null setzen und
demnach keine der versagenden Komponenten durch Austausch oder Re-
parieren wieder instandsetzen. Der
Unterschied ist bald kaum noch zu

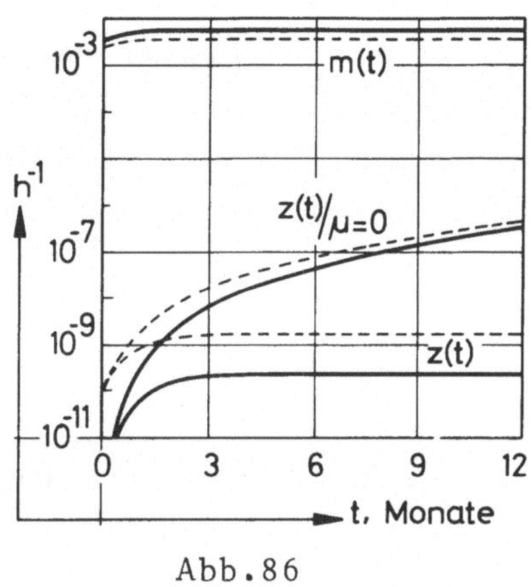

Abb.86

sehen. Beheben wir hingegen jeden Fehler, durchschnittlich im
Laufe eines Monats, dann verläuft unten die neue Ausfallrate
nahezu um eine Zehnerpotenz unter der früheren. Ganz oben erkennen wir eine um 50% gestiegene Reparaturrate. So haben sich alle
Raten verbessert, wie auch die Wahrscheinlichkeiten des Versagens.

7.5.4   Schwachstellenanalyse

Die aufgebesserte Antriebsanlage unterziehen wir wie ihre Vor-
gängerin einer Schwachstellenanalyse, indem wir wie dort die
Komponenten einer jeden Gruppe doppelt parallel einsetzen und
die Abnahme der Versagenswahrscheinlichkeiten bestimmen. Weil
nun alle entscheidenden Bauteile vierfach vorhanden sind, ver-

mindern sich Ausfallwahrscheinlichkeit wie Nichtverfügbarkeit nahezu in gleicher Höhe, so daß ihr relativer Rückgang im Rahmen der Zeichengenauigkeit in Abb.87 übereinstimmt.

Abgestuft wie vorher unter den damals vorherrschenden und nun völlig zurückgetretenen Komponenten verbleiben die restlichen Schwachstellen, ohne daß neue von besonderem Gewicht hinzukämen. Jetzt führen Kessel wie Speisewasserregelventile die Reihe an, potentiell die Versagenswahrscheinlichkeiten halbierend; seinerzeit schlugen sie nur mit gut 20% zu Buche. Auch die nachfolgenden Bauteile würden, doppelt parallel eingesetzt, gegenüber der früheren Schwachstellenanalyse gut zweifachen Gewinn einbringen. Ein grober Kostenvergleich ordnet die Speisewasserregelventile und nach ihnen wohl die Kesselgebläse als im Rang führende Schwachstellen ein.

7.5.5   Einflußanalyse der Ausfallraten

Gleich daneben tragen wir in Abb.88 die Änderungen der Versagenswahrscheinlichkeiten auf, hervorgerufen durch zehnfach höhere Ausfallraten in den einzelnen Bauteilgruppen. Wie eben unterscheiden sich die Ergebnisse in Ausfallwahrscheinlichkeit und Nichtverfügbarkeit kaum nennenswert, so daß gleichfalls ein Bild ausreicht.

Nach dem Aufbessern verschwindet zwar der Einfluß der vorher führenden Komponenten; dafür treten die verbleibenden verstärkt hervor. An der Spitze liegen jetzt die Hilfskühlwasserpumpen. Wächst ihre Ausfallrate um eine Zehnerpotenz, dann verschlechtert sich das Ergebnis um mehr als zwei Zehnerpotenzen; auf rund einer verblieb ihr Einfluß in der ersten Analyse. Der ganze Gewinn des Aufbesserns fällt in sich zusammen, sobald wir damit rechnen müssen, daß die Ausfallraten der Hilfskühlwasserpumpen den ursprünglichen Ansatz zehnfach übersteigen. Das brauchen wir hier kaum zu befürchten, weil wir diesen Bauteilen bereits die höchsten Werte zugewiesen haben.

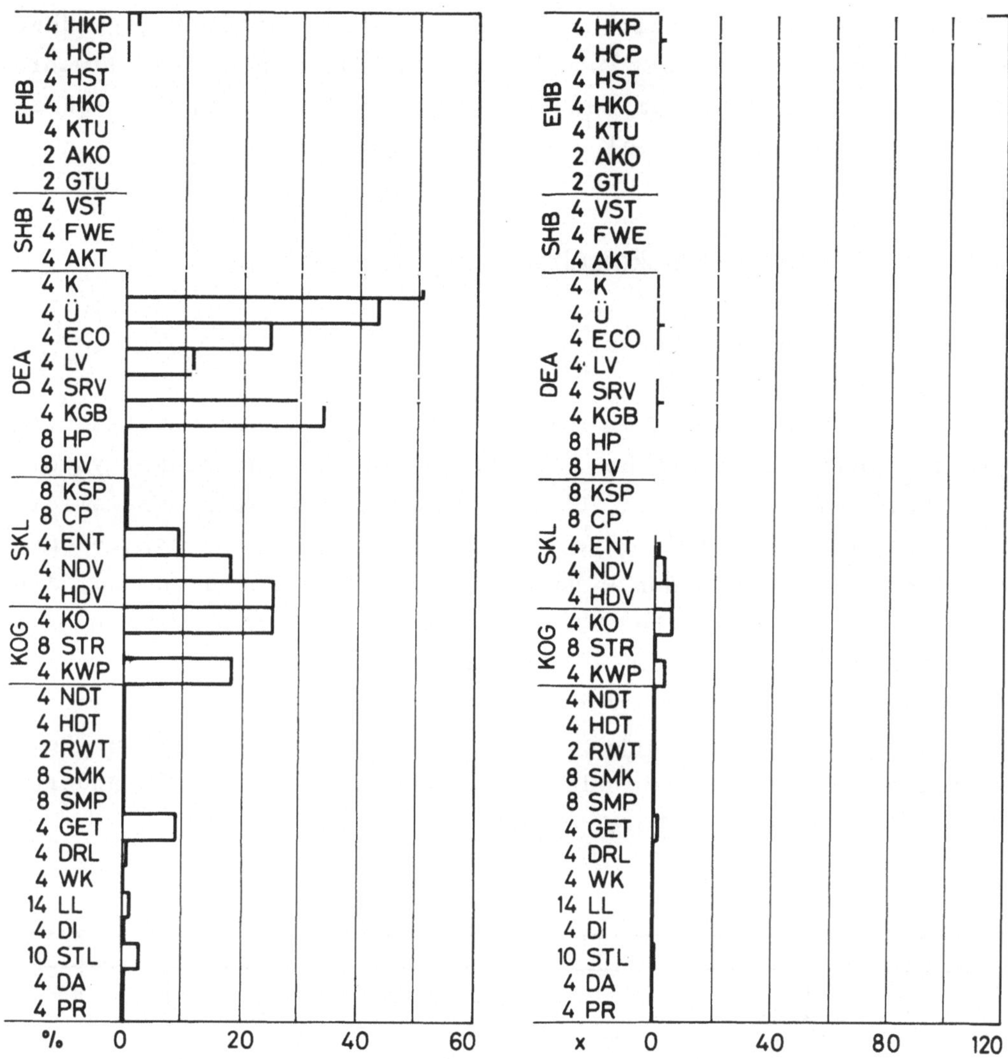

Abb.87: Relative Abnahme der Ausfallwahrscheinlichkeit und Nichtverfügbarkeit des aufgebesserten Antriebes in %; alle Bauteile je einer Gruppe doppelt parallel eingesetzt.

Abb.88: Relativer Zuwachs der Ausfallwahrscheinlichkeit und Nichtverfügbarkeit des aufgebesserten Antriebes; alle Komponenten je einer Gruppe mit zehnfacher Ausfallrate.

Auch die übrigen Einheiten verstärken ihren Einfluß gegenüber früher, wenn auch nicht so drastisch. Wuchs die Ausfallwahrscheinlichkeit vorher um den Faktor 7, so nun um 35, falls Kessel oder Speisewasserregelventile häufiger versagen.

7.6 Schaltanlage (der elektrischen Energieversorgung)

7.6.1 Was untersuchen wir?

In unseren bisherigen Beispielen größeren Umfanges untersuchten wir zunächst die einfache Reihenanordnung des Wälzlagersystems und anschließend die nicht überaus komplizierte Reihen-Parallelanordnung der Antriebsanlage eines Schiffes, die aus zahlreichen Komponenten bestand. Nun wenden wir uns einer Anordnung zu, die sich durch eine starke Vermaschung auszeichnet. Zum Vorbild nehmen wir eine redundante Schaltanlage, die Frey und Reichert neben einer einfacheren vorstellten und einem ersten Auswerten unterzogen [19]. Wir werten sie wieder als grundsätzliches Beispiel, das uns in dieser oder in ähnlicher Form auch in anderen technischen Bereichen begegnen mag.

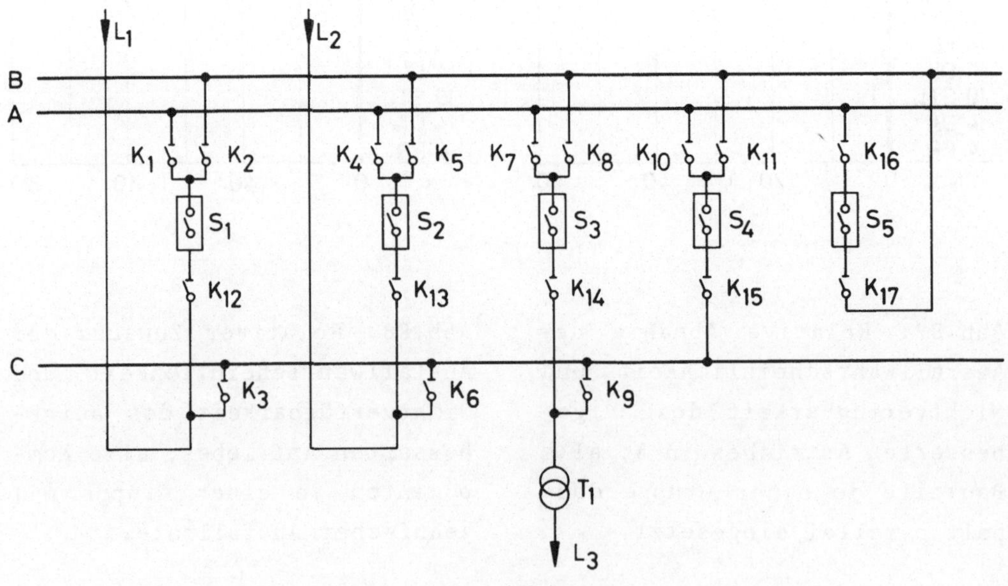

Abb.89

Die Aufgabe besteht darin, einem Verbraucher an der Leitung L_3 Energie zuzuführen, ihn mit den Leitungen L_1 oder L_2 zu verbinden; drei Sammelschienen A, B und C sowie eine Reihe von Schaltern und Trennern sind dabei nach Abb.89 eingesetzt.

7.6.2   Die Komponenten

In Tabelle 12 führen wir die Bauteilgruppen wie früher auf, zunächst ihre Anzahl, die Kurzzeichen und die Ausfallraten vermerkend; in der letzten Spalte ergänzen wir ihre Reparaturrraten. Die mittleren Zeiten bis zur Herstellung der Funktionsfähigkeit reichen als MTTR von 50 bis zu gut 300 Stunden. Alle Werte übernehmen wir unserer Vorlage. Wie dort legen wir die Schalter in zwei verschiedene Gruppen. Wohl setzen wir dieselben Ausfallraten an, erhalten uns jedoch die Möglichkeit, diese Komponenten in den Analysen getrennt zu beobachten. Auf die Varianten mit den kleineren Ausfallraten für die Schalter S_3 wie S_4 gehen wir nicht weiter ein, weil wir den Sachverhalt aus der Schwachstellenanalyse beurteilen.

Komponentenart	Anzahl	Zeichen	λ, $10^{-6}h^{-1}$	μ, h^{-1}
Sammelschiene	3	A, B, C	1,0	0,003
Transformator	1	T_1	5,0	0,006
Trenner	17	K_1-K_{17}	3,0	0,04
Schalter	3	S_1, S_2, S_5	10,0	0,02
Schalter	2	S_3, S_4	10,0	0,02

Tabelle 12: Schaltanlage, Komponentenarten

Im Gegensatz zur Antriebsanlage müssen wir die individuellen Komponenten einer Gruppe durch unterscheidende Indizes sorgfältig auseinanderhalten; die meisten Einheiten treten mehrfach in der Struktur auf. Insgesamt haben wir 26 Bauteile in fünf Gruppen zu behandeln.

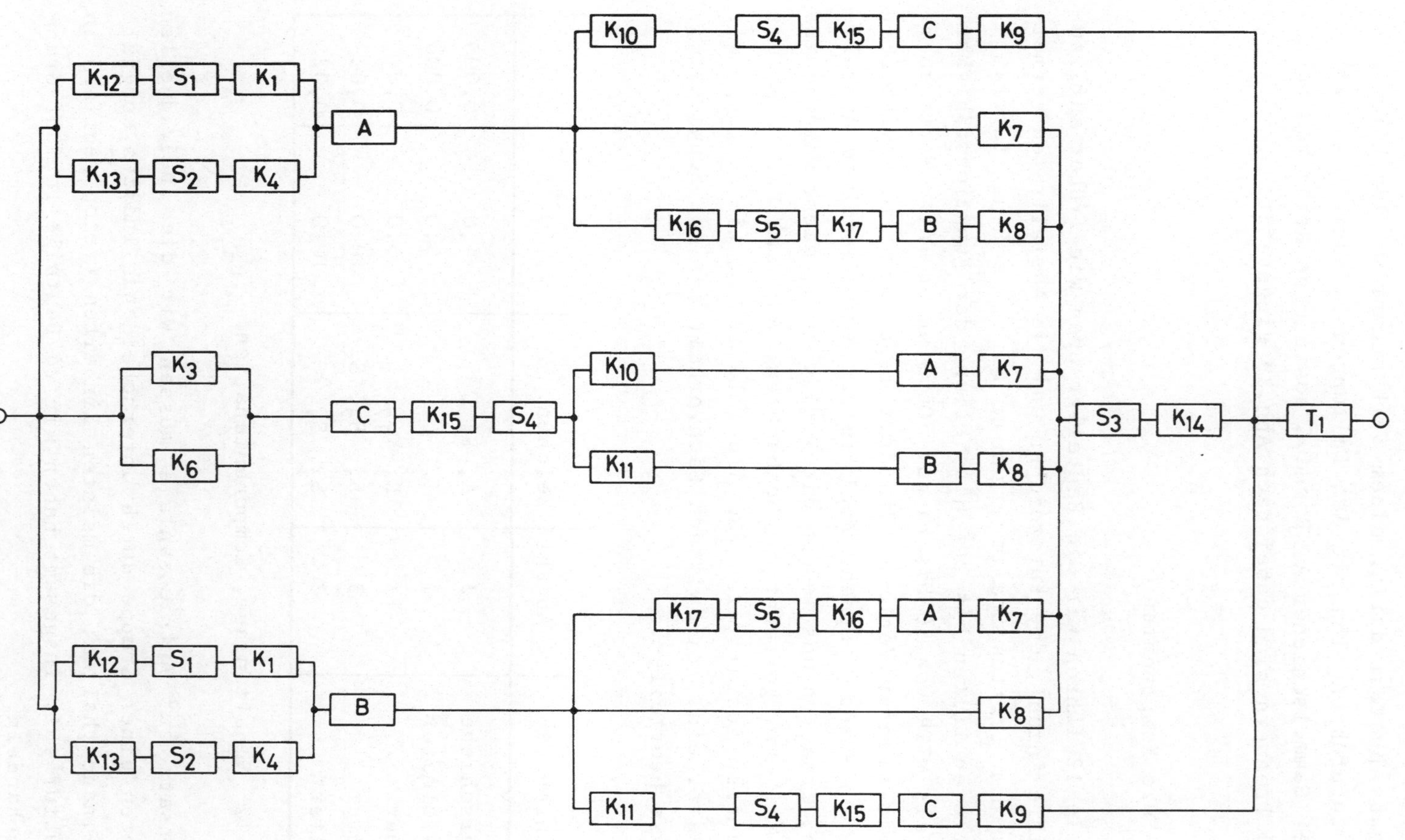

Abb.90: Schaltanlage, Zuverlässigkeitsblockdiagramm

7.6.3   Die Anordnung

Die logische Funktionsstruktur entnehmen wir gleichfalls der Vorlage. Um eine gewisse Übersichtlichkeit zu bieten, haben wir das Blockdiagramm in Abb.90 geringfügig umgezeichnet; die ursprüngliche Aussage bleibt dabei ohne jeden Abstrich erhalten. Die Anordnung gliedert sich in einen hoch redundanten Teil, dem eine einzelne Komponente als Reihenelement folgt: der Transformator.

Unsere Erfahrungen mit der Antriebsanlage lassen uns vermuten, daß der Transformator die Versagenswahrscheinlichkeiten der gesamten Anordnung bestimmt, als einziges Bauteil, dessen Funktion nicht zusätzlich abgesichert ist. Das um so mehr, weil seine Raten sich nicht merklich günstiger von den anderen abheben. Dieser Eindruck täuscht nicht. Der Transformator beherrscht das Verhalten der Anordnung so vollständig, daß wir unser Vorhaben aufspalten: Zunächst untersuchen wir den redundanten Anteil für sich, stellvertretend für gleiche oder ähnliche Strukturen aus anderen Bereichen. Unseren Ergebnissen werden wir dann jeweils anfügen, wie der sich anschließende Transformator die Aussage verändert. Seine Versagenswahrscheinlichkeiten überragen stets die der redundanten Schaltanlage.

7.6.4   Zuverlässigkeit und Verfügbarkeit

In logarithmischer Skala sehen wir in Abb.91, wie üblich ganz oben, die Ausfallwahrscheinlichkeit für den Fall, daß wir auf jedes Instandsetzen verzichten, die Anlage also sich selbst überlassen. Zunächst rasch, dann langsamer steigend, erreicht sie am Ende des Jahres die Höhe 0,018. Stellen wir die Funktionsfähigkeit ausgefallener Bauteile wieder her, dann mindert sich der Anstieg, wie es die Kurve in der Mitte zeigt. Nach dem ersten Jahr verzeichnen wir einen Gewinn von nahezu zwei Zehnerpotenzen, den uns das Instandsetzen einbringt.

180

Schließen wir auch den Transformator ein, so erhalten wir Endwerte, die bei 0,060 und 0,043 liegen, da seine Ausfallwahrscheinlichkeit am Ende des ersten Jahres 0,043 ausmacht. Weil er nicht in einem redundanten Strukturteil liegt, können wir durch Instandsetzen seine Ausfallwahrscheinlichkeit in keiner Weise absenken; deswegen dominiert er vor allem dann, wenn wir das Instandsetzen berücksichtigen.

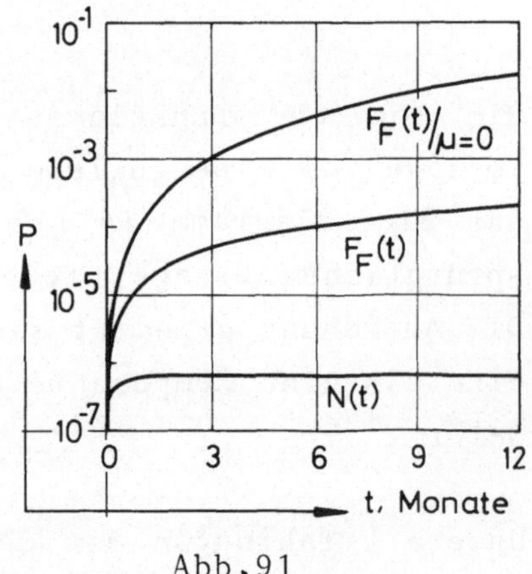

Abb.91

Noch weiter klaffen die Nichtverfügbarkeiten auseinander. Für die Schaltanlage erreicht sie am Ende des ersten Jahres nach der Linie ganz unten nicht einmal 10^{-6}. Für den Transformator liegt sie um mehr als drei (!) Zehnerpotenzen darüber; zusammengerechnet erhalten wir also etwa die Werte des Transformators.

7.6.5   Ausfall- und Reparaturraten der Schaltanlage

Die Raten des redundanten Anteils weist Abb.92 gleichfalls in logarithmischem Maßstab vor. In der Mitte erkennen wir die Ausfallrate ohne Instandsetzen, die sich nach anfänglichem Anstieg zunehmend abflacht; ihr Endwert erreicht noch nicht die Ausfallrate des Transformators. Auf fast gleichbleibender Höhe verharrt ganz unten die Ausfallrate, in die wir das Ausbessern einrechnen. Im oberen Teil verläuft, sich ebenfalls kaum ändernd, die Reparaturrate. Sie übersteigt die des Transformators um 70%.

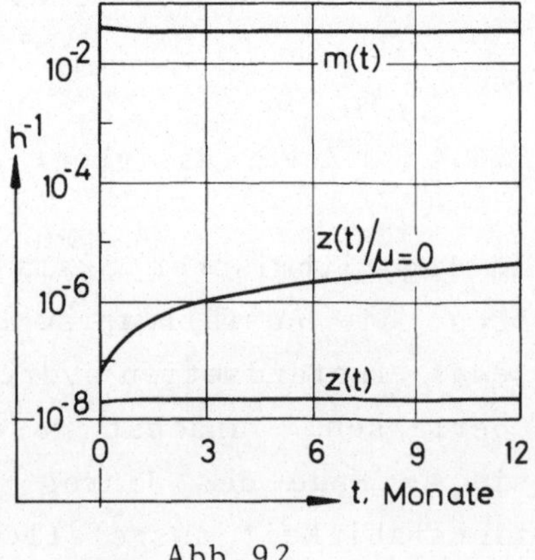

Abb.92

7.6.6   Schwachstellenanalyse

Vom Transformator sehen wir zunächst ab und befassen uns nur mit
der redundanten Schaltanlage. Wieder gehen wir aus von der Hypothese, die Komponenten je einer Bauteilgruppe seien probeweise
doppelt parallel eingesetzt und fragen, in welchem Umfang sich
die Versagenswahrscheinlichkeiten durch diese zusätzliche Redundanz vermindern. Abb.93 zeigt die relative Abnahme der Ausfallwahrscheinlichkeit, während Abb.94 die gleichfalls auf den
ursprünglichen Wert bezogene Senkung der Nichtverfügbarkeit verzeichnet. In beiden Fällen ragt die Gruppe mit den beiden Schal-

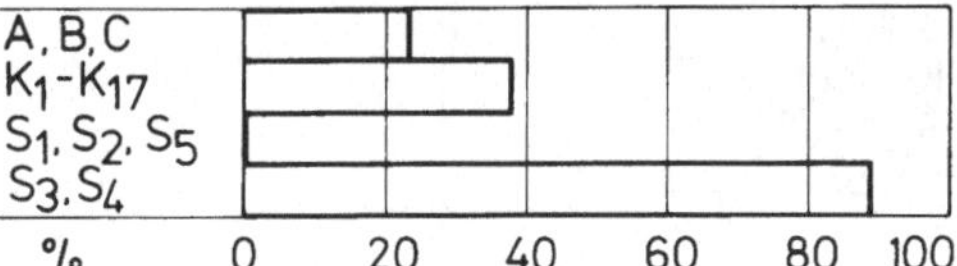

Abb.93: Relative Abnahme der
Ausfallwahrscheinlichkeit der
Schaltanlage in %; alle Bauteile je einer Gruppe doppelt
parallel eingesetzt.

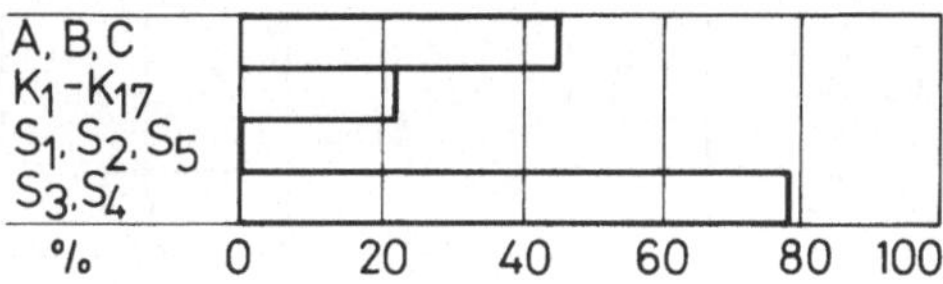

Abb.94: Relative Abnahme der
Nichtverfügbarkeit der Anlage
in %; alle Bauteile je einer
Gruppe doppelt parallel eingesetzt.

tern S_3 und S_4 vor den anderen Bauteilen heraus. Sie würden in
der gemeinsamen Verdopplung die Versagenswahrscheinlichkeiten um
rund 80% vermindern. Im Gegensatz dazu erlaubt die Gruppe der
restlichen Schalter S_1, S_2 und S_5 kein nennenswertes Aufbessern;
der Gewinn bleibt unter 0,2%. Die Sammelschienen A, B und C tauschen mit den Trennern K_1 bis K_{17} die mittleren Plätze mit einer
Minderung von rund 20% oder 40%, wenn wir von der Ausfallwahrscheinlichkeit zur Nichtverfügbarkeit übergehen.

Hätten wir den Transformator in die Analyse einbezogen, dann
würde er allein stehen mit einer Verbesserung von über 99% bei
beiden Versagenswahrscheinlichkeiten. Alle restlichen Bauteilgruppen würden im Aufbessern weniger als 0,4% einbringen. Damit
bestätigen wir unsere ursprüngliche Vermutung: der Transformator

182

stellt sich als die überragende Schwachstelle der gesamten Anordnung heraus; er allein bestimmt das Verhalten der Anlage.

7.6.7   Einflußanalyse der Ausfallraten

Sehen wir vorerst wieder vom Transformator ab und betrachten den
redundanten Teil der Schaltanlage für sich. In jeder Bauteilgruppe erhöhen wir die Ausfallrate auf den zehnfachen Wert gegenüber dem ursprünglichen Ansatz. Das Balkendiagramm in Abb.95
gilt für die Ausfallwahrscheinlichkeit und Abb.96 erfaßt das
Verhalten in der Nichtverfügbarkeit. Vor allen anderen Kompo-

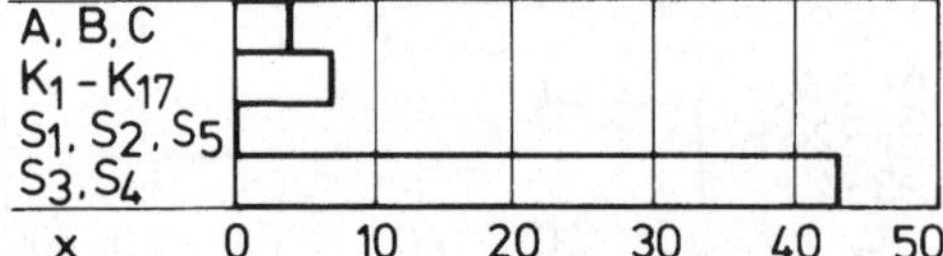

Abb.95: Relativer Zuwachs der
Ausfallwahrscheinlichkeit der
Schaltanlage; sämtliche Bauteile in je einer Gruppe mit
zehnfacher Ausfallrate

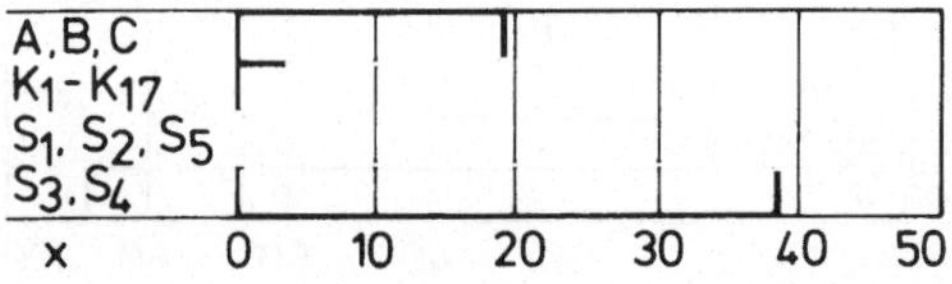

Abb.96: Relativer Zuwachs der
Nichtverfügbarkeit der Anlage;
alle Bauteile je einer Gruppe
mit zehnfacher Ausfallrate

nenten ragen die Schalter S_3 und S_4 hervor mit einem Zuwachs von
rund dem Vierzigfachen gegenüber den alten Versagenswahrscheinlichkeiten. Nach ihnen treten die Sammelschienen in der Verfügbarkeit deutlicher hervor mit einer Zunahme von fast dem Zwan-
zigfachen, während sie sich in der Ausfallwahrscheinlichkeit
nicht in dem Ausmaß bemerkbar machen.

Mit Einschluß des Transformators gehen diese Einflüsse so weit
zurück, daß die höhere Ausfallrate aller anderen Komponenten die
Versagenswahrscheinlichkeiten um weniger als ein Fünftel anwachsen lassen. Allein der Transformator fällt dann noch ins Gewicht
mit einem siebenfachen Zuwachs in der Ausfallwahrscheinlichkeit
und einem neunfachen in der Verfügbarkeit, sofern seine Ausfallrate auf den zehnfachen Wert ansteigt.

Literaturverzeichnis

[01]   Aggarwal, K.K. Redundancy Optimization in General Systems. IEEE Trans. Rel. <u>25</u>, 330...332 (1976)

[02]   Aggarwal, K.K., Gupta, J.S., Misra, K.B. A new Heuristic Criterion for Solving a Redundancy Optimization Problem. IEEE Trans. Rel. <u>24</u>, 86...87 (1975)

[03]   Aggarwal, K.K., Misra, K.B., Gupta, J.S. A fast Algorithm for Reliability Evaluation. IEEE Trans. Rel. <u>24</u>, 83...85 (1975)

[04]   Balfanz, H.-P. u.a. Technische Zuverlässigkeit und ihre wirtschaftliche Bedeutung. Fortschritt-Berichte der VDI-Zeitschriften, Reihe 16, Nr.5 (1975)

[05]   Barlow, R.E., Proschan, F. Importance of System Components and Fault Tree Events. Stochastic Processes and their Applications, <u>3</u>, 153...173 (1975)

[06]   Bastl, W. Zuverlässigkeitsanalyse zur Objektivierung der Beurteilung technischer Systeme. Atomwirtschaft 474...477 (1974)

[07]   Bennetts, R.G. On the Analysis of Fault Trees. IEEE Trans. Rel. <u>24</u>, 175...185 (1975)

[08]   Birnbaum, Z.W. On the Importance of Different Components in a Multicomponent System. In: Multivariate Analysis - II, Ed.: Krishnaiah, P.R. New York 581... 582 (1969)

[09]   Birnbaum, Z.W., Esary, J.D. Modules of coherent binary Systems. J. Soc. Indust. Appl. Math. Vol. 13, No. 2, 444...462 (1965)

[10]   Bohlmann, G., Lebensversicherungsmathematik. In: Encyklopädie der mathematischen Wissenschaften. Leipzig (1901)

[11]   Bullinger, H.-J., Fritz, H.U., Hichert, R. Multimomentstudien als Hilfsmittel zur Schwachstellenanalyse im Technischen Büro. AV, <u>12</u> 83...90 (1975)

[12]   Caldarola, L. A Method for the Calculation of the Cumulative Failure Probability Distribution of Complex Repairable Systems. Nuclear Engineering and Design, <u>36</u>, 109...122 (1976)

[13]   Cox, D.R. Erneuerungstheorie. München (1966)

[14] Daeves, K. Schwachstellen-Forschung. Automobiltechnische Zeitschrift, $\underline{44}$, 107...111 (1941)

[15] Dal Cin, M. Fehlertolerante Systeme. Stuttgart (1979)

[16] Dressler, E., Hörtner, H., Niekau, E., Spindler, H. Ergebnisse einer Zuverlässigkeitsanalyse bei Verwendung unterschiedlicher Ausfalldaten. Atomwirtschaft 294...295 (1975)

[17] Eschmann, P., Hasbargen, L., Weigand, K. Die Wälzlagerpraxis, 2. Aufl. München (1978)

[18] Feller, W. An Introduction to Probability Theory and its Applications, 3. Aufl. New York (1968)

[19] Frey, H., Reichert, K. Anwendung moderner Zuverlässigkeits-Analysenmethoden in der elektrischen Energieversorgung. ETZ-A, $\underline{94}$, 249...255 (1973)

[20] Fussell, J.B. How to Hand-Calculate System Reliability and Safety Characteristics. IEEE Trans. Rel. $\underline{24}$, 169 ...174 (1975)

[21] Gaede, K.-W. Zuverlässigkeit - Mathematische Modelle. München (1977)

[22] Gandhi, S.L., Henley, E.J. Optimal Availability of a Complex System. In: Generic Techniques in Systems Reliability Assessment, Ed.: Henley, E.J., Lynn, J.W. 163...182 (1976)

[23] Gnedenko, B.W. Lehrbuch der Wahrscheinlichkeitsrechnung. Berlin (1962)

[24] Görke, W. Zuverlässigkeitsprobleme elektronischer Schaltungen. Mannheim (1969)

[25] Götzfried, F. Permanente Verlust- und Schwachstellenforschung in der Betriebspraxis. TZ für praktische Metallbearbeitung, $\underline{54}$, 467...476 u 528...532 (1960)

[26] Höfle-Isphording, U. Zuverlässigkeitsrechnung. Berlin (1978)

[27] Huber, K., v. Kortzfleisch, B. Schwachstellenerkennung und Beseitigung ihrer Ursachen in der geplanten Instandhaltung des Hüttenwerkes. Stahl und Eisen, $\underline{91}$, 961...968 (1971)

[28] Kamarinopoulos, L. Direkte und gewichtete Simulationsmethoden zur Zuverlässigkeitsuntersuchung technischer Systeme. Diss. TU Berlin (1972)

185

[29]   Kamarinopoulos, L., Richter, G. Vergleichende Untersuchungen verschiedener Methoden zur Berechnung der Ausfallwahrscheinlichkeit komplexer Systeme. Atomkernenergie, <u>26</u>, 107...113 (1975)

[30]   Kaufmann, A. Zuverlässigkeit in der Technik. München (1970)

[31]   Kaufmann, A. Einführung in die Graphentheorie. München (1971)

[32]   Lambert, H.E. Measures of Importance of Events and Cut Sets in Fault Trees. In: Reliability and Fault Tree Analysis (pres. at the Conf. on), Ed.: Barlow, R.E. 77...100 (1975)

[33]   Luus, R. Optimization of System Reliability by a New Nonlinear Integer Programming Procedure. IEEE Trans. Rel. <u>24</u>, 14...16 (1975)

[34]   Maier, U., Nieß, P.S. Schwachstellenanalyse im Fertigungsbereich mit Hilfe von Multimomentstudien. VDI-Z, <u>119</u>, 301...307 (1977)

[35]   McLeavey, D.W., McLeavey, J.A. Optimization of System Reliability by Branch-and-Bound. IEEE Trans. Rel. <u>25</u> 327...329 (1976)

[36]   Meier-Peter, H. Beitrag zu Entwurf, Konstruktion und Berechnung gegenläufiger Schiffsantriebsanlagen. Diss. TU Hannover (1974)

[37]   Messerschmitt-Bölkow-Blohm, Hrsg. Technische Zuverlässigkeit. Berlin (1971)

[38]   Mewes, K.-F., Schäfer, P. Auswertung durch Schwachstellen-Zählung - eine Methode der Schadenverhütung. Der Maschinenschaden, <u>45</u>, 28...33 (1972)

[39]   Morgenstern, D. Einführung in die Wahrscheinlichkeitsrechnung und mathematische Statistik (2. Aufl.) Berlin (1968)

[40]   Richter, G. Die Berechnung der Zuverlässigkeit großer komplexer Systeme nach der Methode der relevanten Pfade. Diss. TU Berlin (1975)

[41]   Richter, G., Memmert, G. Berechnung von Zuverlässigkeitsdaten komplexer Systeme mit analytischen Methoden. Berlin: TUBIK 28 (1973)

[42]   Renyi, A. Wahrscheinlichkeitsrechnung. Berlin (1962)

[43]   Rosemann, H. Zuverlässigkeit, Verfügbarkeit und Schwachstellenanalyse. Hab. UNI Hannover (1979)

[44]   Rosemann, H. Was bedeuten Wahrscheinlichkeitsaussagen und wie können wir sie nutzen? In: Risiken komplizierter Systeme - ihre komplexe Beurteilung und Behandlung, Hrsg.: Gesellschaft für Sicherheitswissenschaft, 110...126, Wuppertal (1979)

[45]   Schneeweiss, W. Zuverlässigkeitstheorie. Berlin (1973)

[46]   Shooman, M.L. Probabilistic Reliability: An Engineering Approach. New York (1968)

[47]   Störmer, H. Mathematische Theorie der Zuverlässigkeit. München (1970)

[48]   Syrbe, M. Über die Beschreibung fehlertoleranter Systeme. Regelungstechnik, 28, 280...289 (1980)

[49]   Verein Deutscher Eisenhüttenleute, Hrsg. Leitfaden für eine Betriebsfestigkeitsrechnung - Bericht der Arbeitsgemeinschaft für Betriebsfestigkeit Nr. ABF-01. Düsseldorf (1977)

[50]   Vesely, W.E. A Time-Dependent Methodology for Fault Tree Evaluation. Nuclear Engineering and Design, 13, 337...360 (1970)

[51]   Waerden, B.L. van der, Mathematische Statistik. Berlin (1971)

[52]   Zeibig, H. Zuverlässigkeitskontrolle im Reaktorbau. Atomwirtschaft, 400...407 (1973)

Sachverzeichnis